无铅低熔点封接玻璃的研究进展

王海风　著

图书在版编目（CIP）数据

无铅低熔点封接玻璃的研究进展 / 王海风著. — 武汉：武汉大学出版社，2022.8

ISBN 978-7-307-23092-7

Ⅰ. 无… Ⅱ. 王… Ⅲ. 低熔点玻璃－封接玻璃－研究 Ⅳ. TQ171.73

中国版本图书馆CIP数据核字（2022）第083589号

责任编辑：周媛媛　　责任校对：孟令玲　　版式设计：文豪设计

出版发行：**武汉大学出版社**　（430072　武昌　珞珈山）

（电子邮箱：cbs22@whu.edu.cn 网址：www.wdp.com.cn）

印刷：虎彩印艺股份有限公司

开本：710 × 1000　1/16　　印张：11　　字数：165千字

版次：2022年8月第1版　　2022年8月第1次印刷

ISBN 978-7-307-23092-7　　定价：48.00元

内容简介

随着真空电子技术、激光和红外技术、微电子技术等现代科技的快速发展，相关器件与结构不断向小型化、精密化的方向发展，因此对用到的封接制品的气密性等方面提出了更高的要求。封接玻璃作为封接材料的一种，相比金属材料，其电绝缘性能更胜一筹；相比其他有机高分子材料，其气密性和耐热性更加优越，因而在封接领域具有广泛的应用。

随着人们环保意识的不断增强，对封接领域的环保问题提出了更高的要求，封接玻璃逐渐向无铅化、低温化方向发展。本书首先介绍了封接玻璃的定义，国内外研究现状，低熔点封接玻璃的分类、性能要求及应用，提出无铅低熔点封接玻璃研究的意义和主要趋势；然后介绍了包括钒酸盐体系、铋酸盐体系、磷酸盐体系、硼硅酸盐体系和碲酸盐体系等几种主要的无铅低熔点封接玻璃；最后提出关于低熔点封接玻璃研究的展望及建议。

前　言

用于密封或连接玻璃、陶瓷、金属以及其他材料的中间层玻璃即为封接玻璃，其中应用最广泛的当属低熔点封接玻璃，因其封接温度一般低于600℃而得名。低熔点封接玻璃有着极广泛的应用，除了可以用于连接玻璃、陶瓷、金属以及半导体等材料之外，在集成电路、宇航、真空电子技术、微电子技术、激光和红外技术以及各类显示器等方面都有应用。随着电子技术的不断发展，相关器件与结构也不断向小型化、精密化发展，因此对封接玻璃提出了更高的要求，促使人们对低熔点封接玻璃进行更加深入的研究。

本书从以下三个方面对无铅低熔点封接玻璃的研究进展进行展开。

第一部分，封接玻璃概述，主要对封接玻璃的定义与研究背景，低熔点封接玻璃的分类、性能要求、表征、应用及发展趋势进行阐述。

第二部分，详细介绍各类无铅低熔点封接玻璃，主要包括钒酸盐体系、铋酸盐体系、磷酸盐体系、硼硅酸盐体系和碲酸盐体系等。

第三部分，对无铅低熔点封接玻璃的发展提出展望，即研究无铅低熔点封接玻璃的意义、方向以及研究突破点。

本书是东华大学材料科学与工程学院王海风在总结多年教学经验、理论研究与实践的基础上编写完成的。在本书的编写过程中，阅读了国内外许多专家学者的著作和论文，并参考了其中部分内容；同时，东华大学材料科学与工程学院鲁建伟、姜春礼参与了本书的修改及校对工作，在此谨向他们表示诚挚的谢意！

由于作者水平有限，书中论述难免存在不当的地方，敬请读者批评指正。

目　录

第 1 章　封接玻璃概述

1.1 封接玻璃及其研究背景

1.1.1 封接与封接玻璃

玻璃与金属封接，即将金属或合金材料先进行氧化，之后与加热后的无机玻璃表面结合，使两者能够良好地浸润从而紧密地结合在一起，然后将金属与玻璃都冷却至室温，此时玻璃和金属成为一个整体，牢固地结合在了一起。

如今，飞速发展的电子工业使得玻璃与金属在电子元件、半导体器件等产品中的应用越来越广泛，其重要性也愈发明显。一些常用的金属如铂、钨、钼、封接合金、无氧铜、杜美丝、铁铬合金、铁镍铬合金等金属材料与相应牌号的玻璃的封接质量在不断提高，人们对玻璃与金属的封接机理的研究也日趋深化。

封接玻璃是一种特殊的玻璃，将它作为中间层玻璃，可以将玻璃、金属、陶瓷以及其他复合材料等相互之间封接起来。按照封接温度不同，可以将其分为低温封接玻璃和高温封接玻璃。在使用封接玻璃时，应该注意选择具有适当热膨胀系数及软化温度的封接玻璃，本书主要介绍低温封接玻璃的相关内容。

1.1.2 封接玻璃的研究现状

封接玻璃材料与低温介质材料应用范围很广，其在电真空器件、微电子器件以及集成电路中是不可或缺的材料。封接玻璃的主要成分为氧化铅，所以大多数封接玻璃的绝缘电阻高、熔封温度较低、化学稳定性也很好，因而广泛应用于各大制造领域，如微电子技术、真空电子技术、航空航天、激光和红外技术等。

近年来，随着微电子技术等有关技术的不断发展，各大领域对封接制品的性能和工艺上的要求越来越高，使得封接玻璃产业得到了进一步的发展。由于技术保密等原因，关于封接玻璃全面、详细介绍的报道很少，有关封接玻璃的文献仅仅局限于封接玻璃的结构与性能的研究。此外，我国封接玻璃方面的研究起步较晚，相关研究与日韩、欧美等国家还存在较大的距离，很多封接玻璃品种仍依赖进口。

在20世纪80年代，马英仁对封接玻璃进行了较系统的论述，包括封接玻璃的要求以及适合封接的金属、封接玻璃的类别、封接的条件及影响因素、封接玻璃中应力的测定及热处理的影响等，最后还论述了几种低熔点封接玻璃焊料。进入21世纪，白进伟在马英仁研究的基础上作了进一步的研究与论述，包括对低熔点封接玻璃的组成及其发展的论述，给出了多个实用玻璃组成，并指出了封接玻璃的未来发展方向，即无铅化。国外相关学者对低熔点封接玻璃的研究较多，所研究的系统也更广。大多封接温度介于500 ~580℃的封接玻璃，在$PbO-B_2O_3$系玻璃的基础上，通过加入不同的物质，制备了不同系统的封接玻璃，如$PbO-B_2O_3-SiO_2-R_2O$（R=Li、Na、K）、$PbO-B_2O_3-Al_2O_3-SiO_2-F$、$PbO-B_2O_3-SiO_2-ZnO$、$PbO-B_2O_3-SiO_2-RO$（R=Ca、Sr、Ba）等。另外，知名品牌松下电器陆续申请了一系列与$PbO-B_2O_3-ZnO$系统的封接玻璃相关的专利，其主要运用于半导体器件中Si芯片与陶瓷基座以及陶瓷外壳（如95瓷）与引线的粘接和密封。这一系列玻璃组成的特点是通过PbF_2的加入来降低玻璃的熔点，再加入低膨胀陶瓷粉填料来提高复合体的强度和化学稳定性，并降低热膨胀系数。低熔点封接玻璃还常加入少量的Bi_2O_3、ZnO、SnO_2、V_2O_5、Sb_2O_3、CaF_2等。1980年，美国学者卡尔·约翰·赫德塞克在中国申请了$PbO-ZnO-B_2O_3-SiO_2-BaO$系统封接玻璃的专利，这种玻璃材料可以在特定温度下封接电视显像管，其膨胀系数为（95~105）$\times 10^{-7}$/℃，且流动性较好。马斯亚德和阿库塔研制出了一种特殊的封接玻璃，它具有良好的导电性能，在其中加入了 2 wt%~40 wt% 的 Sb_2O_3、0~ 20 wt% 的 Bi_2O_3 和 20 wt%~50 wt% 的 V_2O_5，并在中国申请了专利。日本碍子株式会社（NCK）提出了一类与陶瓷和 ZnO 陶瓷元件有良好热膨胀匹配的玻璃，其在 $PbO-B_2O_3$ 系玻璃中加入 SiO_2 和 R_2O（R=Li、Na、K）等，同时还加入了低膨胀填料，热膨胀系数为（40~80）$\times 10^{-7}$/℃，封接温度在 450℃ 左右。另外，日本电气硝子报道了一种 $PbO-V_2O_3-TeO_2$ 系玻璃，其软化点为 320 ℃左右。

1.2 低熔点封接玻璃的分类

（1）根据热处理前后是否析出结晶相，低熔点封接玻璃可以分为结晶型封接玻璃、非结晶型封接玻璃和复合型封接玻璃。各类玻璃特征如表 1-1 所示。

表 1-1 低熔点封接玻璃按照热处理前后是否析出结晶相分类

分类	定义	优点	缺点
结晶型	经过封接过程中的热处理，原始的玻璃态变成了结晶态，简称为结晶型	线膨胀系数可以根据封接热处理过程中析出晶相的种类和数量在一定程度上调控，使之与被封接样匹配。由于结晶相的产生，封接玻璃的机械强度、化学稳定性和热稳定性都有所提高	结晶相的产生导致封接玻璃的润湿性和流动性变差
非结晶型	稳定的玻璃，即封接前后均呈非晶状态，简称为非晶型	封接过程中不析晶，流动性和润湿性良好，能充分填充所需空间，封接气密性好。由于封接过程中没有出现晶体析出现象，故热膨胀系数前后一致，没有明显的体积变化，封接应力相对稳定，封接工艺简单易行	造成封接界面层的力学性能较差

续表

分类	定义	优点	缺点
复合型	在原始的低熔点封接玻璃成分中，加入适当的“骨料”（低膨胀系数的晶态粉末或低膨胀的玻璃粉末）构成的复合材料，简称为复合型	选择不同的填料种类及其在封接玻璃料中的配比，可以实现玻璃线膨胀系数可调	玻璃和填料混合不均会影响封接质量；填料的加入会使混合料的流动性变差

① 结晶型封接玻璃

在材料的封接过程中，经一定温度的热处理后由非晶态转变为晶态的低熔点封接玻璃称为结晶型封接玻璃。随着封接温度的升高，玻璃的黏度逐渐降低，当温度升高至一定程度时，玻璃部分析晶或完全析晶。析晶后的玻璃黏度急剧升高，且热膨胀系数会发生较大的改变，这使其与被封接基体的热膨胀系数不匹配，从而导致封接件从基体上脱落。析出晶体的尺寸与类型一般取决于玻璃系统的组成及热处理温度，而晶体的尺寸与类型又决定了玻璃的热膨胀系数，因此可通过调控玻璃组成氧化物的含量及热处理温度，来调整封接玻璃的热膨胀系数至与基体匹配。

晶体从玻璃中析出后，微小的晶相被周围的玻璃相所包围，中间的晶相受到压应力而使玻璃结构更加致密，因而强度高于玻璃相，也使得封接层的总强度大大提高。同时，因为封接玻璃中均匀散布着晶体，即使玻璃相中出现裂缝，裂缝扩散到晶相界面时也会被钝化，进而抑制了微裂纹的进一步发展，有效提高了玻璃的封接强度及耐热冲击性。

然而，结晶过程中由于晶型转变而引起的玻璃体积发生变化，会影响封接效果。由于玻璃的结晶过程以及密封工艺是一次性完成的，如果析晶速度过快，阻碍玻璃相的流散，使其与基体材料没有良好的润湿性，就会影响封接的气密性和封接强度，严重时甚至导致玻璃从基体材料上脱落。在结晶过程中，结晶峰的峰值温度和起始结晶温度的间距 ΔT 可以用来判断晶化速率，ΔT 越大表明结晶越慢。此外，为了保证晶体的数量、类型能够满足封接要求，必须将其在规定的热处理温度下保持一段时间至完全晶化，因此结晶型玻璃的封接过程时间较长且工艺流程较为复杂。

② 非结晶型封接玻璃

在材料的封接过程中，热处理前后均处于非晶态，未出现析晶现象的玻璃称为非结晶型玻璃。其封接成品优质美观，这是由于非结晶型玻璃的流散性、润湿性及封接气密性均优良，且热处理前后玻璃热膨胀系数变化也较小，与基体匹配程度较高，由此产生的封接应力相对较小。非结晶型封接玻璃的整体工艺技术较结晶型封接玻璃更加简易。

同时，与结晶型封接玻璃相比，非结晶型封接玻璃通常具有较差的机械性能，如封接界面处的力学性能较差，抗热冲击能力不高，但它具有较高的电阻率和较低的介电常数。由于非结晶型玻璃的热膨胀系数缺乏一定的自身调节能力，只能适应较为单一的封接对象，因此在封接前必须选择具有与基体材料相匹配的热膨胀系数的玻璃组分，以避免封接过程中产生较大的应力。

③ 复合型封接玻璃

复合型封接玻璃是指在低熔点封接玻璃组分中加入合适的低膨胀系数的晶体或玻璃粉末构成的复合材料。复合型封接玻璃与结晶型封接玻璃的区别主要在于复合型封接玻璃中的晶相通常是外加的。

（2）根据系统成分，低熔点封接玻璃可以分为氧化物玻璃、非氧化物玻璃和混合玻璃三类。各类玻璃特征如表 1–2 所示。

表 1–2　低熔点封接玻璃按照系统成分分类

分类	举例	特征
氧化物玻璃	硼酸盐玻璃、磷酸盐玻璃	氧化物玻璃的组成中氧化物（如 B_2O_3、P_2O_5 等）含量较高，这些氧化物的含量不同，玻璃的熔点也各有差异
非氧化物玻璃	硫系玻璃、氟化物玻璃	硫系玻璃是以砷副族的硫化物、硒化物和碲化物为基础制得的。利用 As^{3+} 离子形成玻璃的网络结构，而 S^{2-}、Se^{2-}、Te^{2-} 等作为具有高极化率的离子，可制备一大类超低熔点封接玻璃，其软化温度甚至低于 0℃（如 As–S–Br 系统）。含氟玻璃的低熔性是由阳离子被屏蔽程度的提高造成的

续表

分类	举例	特征
混合玻璃	氧硫系玻璃	氧硫系玻璃的组成中既含有氧化物（如 Sb_2O_3），又含有硫化物（如 Sb_2S_3）。该玻璃主要具有透红外性能和半导体性能

（3）根据氧化物的组成，低熔点封接玻璃主要分为铅系、钒系、硼硅酸盐体系、磷酸盐体系、铋系封接玻璃等。

① 铅系低熔点封接玻璃

铅系低熔点封接玻璃是应用最为广泛的商用封接玻璃，具有性能稳定、价格低等优点。铅系玻璃以 PbO 作为玻璃的主要成分，并添加诸如 B_2O_3、SiO_2、ZnO 等氧化物以调节玻璃的结构与性质。PbO 可以有效地降低玻璃化转变温度和软化温度，提高玻璃的折射率，增加玻璃的比重，改善玻璃的电性能，主要作为玻璃结构中的网络外体存在。在高 PbO 含量的玻璃体系中，Pb^{2+} 离子极化率大，容易变形，通常以 $[PbO_4]$ 的形式存在于玻璃网络结构中，不易析晶。

$PbO-B_2O_3-SiO_2$ 和 $PbO-ZnO-B_2O_3$ 等铅系玻璃是目前研究及开发较多的低熔点封接玻璃体系，具有软化点低、封接过程不易结晶等优点。然而，现阶段国内外对工业化生产引起的环保问题越来越重视，重金属元素 Pb 的使用也因为其有毒而受到较大的限制，目前对铅系低熔点封接玻璃的研究大量减少。本书主要介绍下述无铅低熔点封接玻璃。

② 钒系低熔点封接玻璃

单独的 V_2O_5 不能形成玻璃，钒系低熔点封接玻璃需要氧化钒（V_2O_5）与多种氧化物（如 B_2O_3、ZnO 等）结合，这样的玻璃具有较大的玻璃形成区域。V_2O_5 对玻璃体系的软化温度起到降低作用。

目前研究较为广泛的是 $V_2O_5-B_2O_3-ZnO$ 等体系的封接玻璃，这类体系的封接玻璃通常具有较低的熔化温度、较好的化学稳定性和介电性能。然而，V_2O_5 蒸汽有毒且价格昂贵，生产过程中为避免中毒需要一定的防护措施，这使其工业化应用受到很大的限制。同时，该体系玻璃通常有较大的结晶倾向。

③ 硼硅酸盐体系低熔点封接玻璃

硼硅酸盐体系玻璃成本较低，且具有广泛的适用性。该体系玻璃

用 B_2O_3、SiO_2 等氧化物为主要原料，并添加 Na_2O 等碱金属氧化物，碱金属氧化物的掺入使得体系具备各项优异性能。B_2O_3 是该系列玻璃的主要网络形成体，纯 B_2O_3 形成的玻璃虽然具有很好的介电性能，但是化学稳定性较差，在空气中易潮解，热膨胀系数较高，只能与其他氧化物组合才能获得性能可靠的玻璃。

硼硅酸盐体系的玻璃通常含有较多的碱性氧化物，体系耐腐蚀性能较差，且由于烧结温度较高，与满足电子器件封接材料的低温化要求不符，目前硼硅酸盐体系的玻璃主要在建筑材料、搪瓷铝釉、汽车屏窗、房屋屏窗等领域应用。

④ 磷酸盐体系低熔点封接玻璃

P_2O_5 是磷酸盐体系低熔点封接玻璃的主要组分，P_2O_5 是玻璃网络形成体，可以单独形成玻璃，也可以与中间体或者网络外体氧化物形成玻璃，基本结构单元是磷氧四面体。向磷酸盐体系玻璃中掺入 Fe_2O_3 或 Al_2O_3 等高价阳离子氧化物时，玻璃体系的化学稳定性提高，特征温度升高，热膨胀系数以及介电损耗减少。向磷酸盐体系玻璃中掺入 Li_2O、Na_2O、K_2O 等碱金属氧化物时，玻璃体系化学稳定性降低，热膨胀系数增大，这是由于碱金属氧化物的掺入使得体系结构由层状向链状转变，链之间由碱金属与氧的化学键结合。

磷酸盐低熔点封接玻璃主要用于电子封装、光学元件、厚膜电阻浆料、金属的低温瓷漆等领域。目前研究较多的有 $SnO-B_2O_3-P_2O_5$、$SnO-ZnO-P_2O_5$、$SnO-SiO_2-P_2O_5$ 等磷酸盐体系玻璃。磷酸盐体系玻璃的化学稳定性较低且耐水性较差，这是由于 P_2O_5 易吸水潮解。$SnO-B_2O_3-P_2O_5$ 体系中，SnO 的掺入可提高玻璃的耐水性，降低玻璃转变温度，但 SnO 成本较高，难以实现全面工业化应用。

⑤ 铋系低熔点封接玻璃

根据元素对角线及相邻规则，铋的离子半径、电子构型等性质与铅元素类似，且无毒。Bi_2O_3 具有较低的熔点，在封接玻璃体系中起到助熔作用且化学性质较为稳定，因此铋系低熔点封接玻璃的封接性能可以与铅基玻璃相媲美，逐渐成为国内外研究人员的重点开发对象。在铋酸盐体系玻璃中加入少量的玻璃网络形成体（B_2O_3 或 SiO_2）可以大大提高成玻范围，加入网络中间体（ZnO）可以降低玻璃化转变温度，并提高玻璃的耐侵蚀性能。

1.3 低熔点封接玻璃的性能要求

低熔点封接玻璃要同时满足电子元件或电真空器件的使用条件和封接工艺的生产要求。总体来说，低熔点封接玻璃的性能要求主要分为以下几个方面。

第一，低熔点封接玻璃的软化温度和封接温度要低。

与普通玻璃材料相比，低熔点封接玻璃通常在较低温度下使用，这就要求软化温度和封接温度应该处于被封接电子元器件所能承受的最高温度范围之内，以免造成封接件受热变形或失效；同时封接温度过低会影响排气，降低气密性；而且过低熔点总是伴随着很大的热膨胀系数，致使封接结合处抗热冲击性能变差，因此要求低熔点封接玻璃的转变温度及软化温度在一定的范围内并与电子元件的使用温度相匹配。一般情况下，硅酸盐体系玻璃进行封接时，只需使用高频感应加热器加热即可，而对于比较特殊的半导体元器件，加热到如此高的温度是不允许的，因为这些器件受到材质和结构的限制，而低熔点封接玻璃以其较低的熔点恰能弥补这一缺陷。当然，熔封温度也不是越低越好，太低可能会引发一系列不良后果，如热膨胀系数逐渐增大，抗热震性变差，以至元器件封接界面的热应力增加，甚至造成炸裂；此外，排气温度也会随之降低，造成器件真空度下降。

常用的几种低熔点封接玻璃的软化温度和熔封温度如表1-3所示。

表1-3 低熔点封接玻璃的软化温度和熔封温度

序号	玻璃类型	软化温度/℃	熔封温度/℃
1	$PbO-ZnO-B_2O_3$	350～450	400～500
2	$PbO-Al_2O_3-B_2O_3$	350～500	400～550
3	$PbO-Bi_2O_3-B_2O_3$	350～400	340～450
4	$PbO-B_2O_3-SiO_2$	350～550	450～600

由表 1–3 得知，低熔点封接玻璃的封接温度比普通的硅酸盐体系玻璃的封接温度低得多，其封接温度处于 400~600 ℃。

第二，低熔点封接玻璃与被封接材料在封接温度以下的范围内的膨胀系数要相互匹配。

为了避免封接烧结后封接材料与封接件之间产生较大的应力，低熔点封接玻璃应该在一定温度范围内具备与封接基板相匹配的热膨胀系数，这样在受热过程中封接界面残余应力较小，避免应力集中导致裂纹的产生，从而实现和基体材料的气密性封接。两种材料膨胀系数的大小差值允许控制在 0~5% 的范围内，对于某些特殊材料这个差值可放宽到 10%。

在某些特定场合，我们需要采用压缩封接，人为地给玻璃造成压应力。压缩封接的原理是根据玻璃的抗拉强度远远小于其抗压强度的特性，对被封接材料进行非匹配性选择。在电子元器件中，中间低熔点封接玻璃的膨胀系数应该远远小于外部金属的膨胀系数，并且与内部金属的膨胀系数相互匹配（即符合 $\alpha_{内金} \leqslant \alpha_{中玻} \leqslant \alpha_{外金}$的原则）。压缩封接的基本原理是在封接过程中，随着封接件的冷却，特别是在从退火温度降至室温的过程中，由于外层金属材料对中间低熔点封接玻璃产生了一定的压应力，导致玻璃在收缩过程中处于被压缩的状态。因此，我们需要综合考虑低熔点封接玻璃的几何形状、受力状况、使用部位以及机械强度等因素来选择膨胀系数。

第三，在熔融状态下，低熔点封接玻璃应该对被封接材料有良好的润湿性。

低熔点封接玻璃与无机非金属材料（如陶瓷、云母、玻璃等）在化学键结构上相似，有着较好的相互润湿性，而与金属材料在化学键结构上相差较远，因而在封接过程中必须实行氧化技术。

润湿性反映了两种物质之间的结合能力。譬如雨后的雨滴能够一直在树叶上滚来滚去，看上去呈球形，不能铺展开来，可以说它完全不润湿。人们用润湿角的大小来衡量润湿性的优劣。以液滴与固体表面的交界线作为润湿角的一条边，在液滴边缘与固体表面相连接的地方作一条切线作为润湿角的另一边，这两条边所构成的夹角 θ 即为润湿角，如图 1–1 所示。

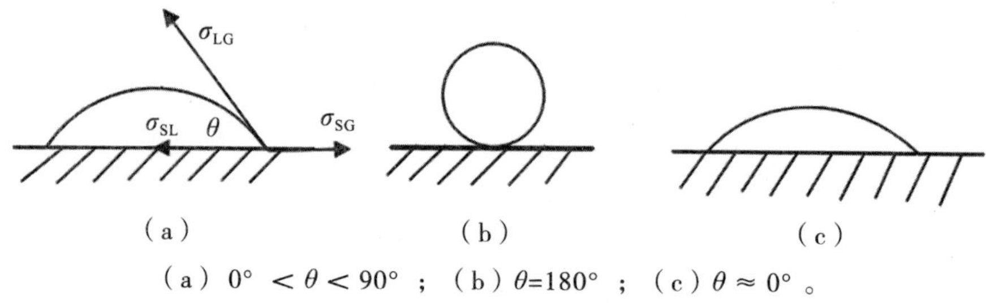

(a) $0° < \theta < 90°$；(b) $\theta=180°$；(c) $\theta \approx 0°$。

图 1-1 液滴在固体表面的润湿现象

从热力学角度来讲，固体和液体表面张力和固液界面张力共同决定了液体在固体表面上的流度，当两者达到平衡状态时：

$$\sigma_{SL}+\sigma_{LG}\cos\theta=\sigma_{SG} \tag{1-1}$$

$$F=\sigma_{LG}\cos\theta=\sigma_{SG}-\sigma_{SL} \tag{1-2}$$

式（1-1）和式（1-2）中，σ、F 分别为界面张力和润湿张力；S、L、G 分别为固相、液相和气相。

由上式可以看出以下几点。（1）θ 角越小，$\cos\theta$ 则越大，固体表面对液滴的润湿情况良好。当 $\theta=0$ 、$\cos\theta=1$ 时，说明固体表面对液滴完全润湿。木头对水的润湿性极好，当我们将水滴倒在木板上，润湿角接近于零度，水滴几乎呈扁平状[见图 1-1（c）]。（2）当 $\theta<90°$ 时，此时 $0<\cos\theta<1$，则表示固体表面对液滴部分润湿[见图 1-1（a）]。（3）当 $\theta>90°$ 时，此时 $-1<\cos\theta<0$ 时，则表示固体表面对液滴不能润湿。图 1-1（b）为最极端的情况，当液滴呈现圆球形时，润湿角等于 180°，表明固体表面对液滴完全不能润湿，此时的润湿性最差。当 θ 较大时，液滴近似为球形的一部分。

第四，低熔点封接玻璃在熔封温度下的流动性也要符合要求。

对于每种封接材料来说，流动性都是一个极其重要的测试指标。为了验证流动性的好坏，我们通常进行纽扣实验（Button Test）。对放置了封接玻璃粉末的圆柱形模具施加一定的压力进行压片操作，然后将其置于光洁基板上通过电炉进行加热，加热到预定温度熔化，熔化后的玻璃粉末即呈纽扣形状，通过测量纽扣状样品的平均直径即可衡量纽扣状样品流动性的好坏。具体流程如图 1-2 所示。

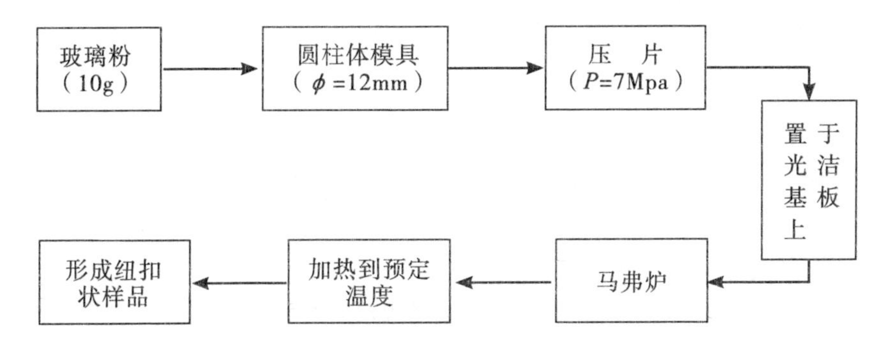

图 1-2　纽扣实验流程图

纽扣状样品的直径越大，表明该玻璃粉末的流动性越好。用于封接的玻璃粉末，对其流动性有严格的要求，流动性不能太大也不能太小。欧文斯－伊利诺斯公司（简称 OI 公司）规定，纽扣状样品的直径在 27.4 ± 1.5 mm 范围内才算合格。流动性太大的玻璃粉末，会使封接面变薄，影响封接件的气密性，而且一般情况下，封接玻璃与窗片直接连接，如果流动性太大容易造成焊料溢出，进而影响产品的通光面和外观。流动性也不能太小，太小的话，玻璃料不能完全流开，焊料熔化不充分，封接效果差，影响焊接件的机械性能。

第五，较好的稳定性也是低熔点封接玻璃应该具备的条件之一。

稳定性包括工艺稳定性和化学稳定性。工艺稳定性要求低熔点封接玻璃在封接过程中不会跟界面发生激烈的化学反应，也不会析出其他物质或放出气体，以保持封接件的清洁和性能稳定，同时，热膨胀系数也要保持稳定，即没有明显的体积变化。

化学稳定性要求低熔点封接玻璃在使用时，能经受水汽、大气以及其他一些腐蚀介质的腐蚀。由于电子产品常常处于较为潮湿的环境中，低熔点封接玻璃的化学稳定性通常比普通硼硅酸盐体系玻璃要差。在实际封接及应用过程中，低熔点封接玻璃应该保持稳定，不能与封接材料基体发生反应，不仅要抵抗周围酸性、碱性环境及水蒸气的侵蚀，还不能受潮分解、放出气体或生成新的物质。否则，封接质量将会受到很大影响。

玻璃的化学稳定性不仅仅取决于其本身的耐侵蚀能力，而且还受到侵蚀介质（水、酸、碱、大气等）的类型和性质的影响。玻璃本身的耐侵蚀能力主要与玻璃的组分、网络结构及热处理制度有关。在电子器件较潮湿的酸性环境中，随着烧结温度的逐渐升高及烧结时间的加长，H^+ 会与封接玻璃表面层中的碱性氧化物进行离子交换，从而引起玻璃的质量损失。当玻璃组分中 SiO_2 的含量较高时，硅氧网络较为完整，一般能提高化学稳定性。表 1-4 为 OI 公司对彩管屏锥封接用低熔点封接玻璃粉化学稳定性的要求。

表 1-4　OI 公司对低熔点封接玻璃化学稳定性的要求

编号	侵蚀介质	时间 / min	温度 / ℃	失重 / ($mg \cdot cm^{-2}$)
1	H_2O	30	100	0
2	5mol/L HCl	30	121	6.8
3	5% HF	60	30	4.7
4	10% HNO_3	1	50	46.0

第六，低熔点封接玻璃要具有良好的机械强度和抗热震性能。

在电子器件工作过程中，封接玻璃应具有较高的抗张、抗压以及抗冲击强度，且需具备较高的机械强度。这是由于封接过程通常对工件采取抽真空处理或者向工件填充气体，此时工件内外压强差较大，玻璃需具备较高的抗压强度。另外电子器件开关时产生的电火花会对玻璃造成一定的热冲击，长期工作时器件内部与外界环境产生温度差，封接玻璃的机械强度应满足上述工作需求。

抗热震性能又称为耐温急变性或耐热冲击强度，用来表征材料经受剧烈的温度变化而不受破坏的能力。抗热震性能是材料一系列性质（热膨胀系数、弹性模量、导热系数、致密度、抗张强度等）的综合表现，且与试样的几何形状有关。玻璃的抗热震破坏可以分为两种情况：当受到急热情况的时候，玻璃体表面产生压应力，内部则受到拉应力；而当受到急冷情况的时候，则相反，即玻璃体表面产生拉应力，内部受到压应力。由于瞬时热应力的作用，玻璃与玻璃封接的交界面处或存在缺陷的地方的应力比较集中，玻璃就会从这些地方先行破裂。玻璃的抗拉强度仅为抗压强度的十分之一左右，这就意味着玻璃是耐压不耐拉的。因而当热震温度差即急冷或急热速率相同时，玻璃由热态到冷态比由冷态到热态的热震条件苛刻得多。这就是说，玻璃在急冷情况下的破坏性要比急热情况下大得多。必须指出，无论是急冷或急热，若是在局部温度作用下，则热震性破坏作用较大。影响玻璃热震性最主要的因素是热膨胀系数，热膨胀系数越小，玻璃的抗热震性越优良。

第七，低熔点封接玻璃要有合适的电绝缘性能。

当低熔点封接玻璃被用于封接电真空器件和电子元件时，对其击穿电压和电阻率有较高的要求。例如屏锥封接用低熔点封接玻璃，20 ℃时要求的体积电阻率为 $10^{15}\Omega \cdot cm$，150 ℃时则要求为 $10^{10}\Omega \cdot cm$，它们的击穿电压都要求高于 40KV/mm。但是用在某些特定场合（如导电材料）的低熔点封接玻璃，其电阻率则是越小越好。因此，低熔点封接玻璃的击穿电压、介电损耗以及介电常数等电性能应该根据低熔点封接玻璃的具体使用要求来设计。

在室温下，普通玻璃的体积电阻率不低于 $10^{13}\Omega \cdot cm$，石英玻璃的体积电阻率甚至高达 $10^{16}\Omega \cdot cm$ 以上。然而，随着温度的不断升高，玻璃的电阻率会急剧下降。在电子玻璃中，我们引入了一个参数 TK-100 点来表示玻璃的电绝缘性能的好坏，它表示体积电阻率为 $10^{8}\Omega \cdot cm$ 时的温度，即 $\lg\rho=8$ 的温度定义为 T_{K-100} 点。T_{K-100} 点越高，则表示该玻璃的电绝缘性能越好。

当温度高于 1000 ℃时，玻璃的电阻率直线下降，此时玻璃几乎成了导体。因为玻璃是典型的离子导电物质，其导电性是碱金属离子在场强作用下的移动而造成的。因此，当一些封接件对绝缘性能的要求较高时，此时引入玻璃组成时应注意，其中的一价金属氧化物应减少。

另外，当玻璃表面吸附了水分或其他杂质时，表面电阻也会明显下降，如果表面析出碱金属离子，电阻就急剧下降。例如，每当梅雨季节来临的时候，很多的电子元件或其他封接制品由于未加“防护层”，阻抗变小，使得它从潮湿空气中捕获羟基（OH^-）离子，从而导电性增加。因此，为了提高玻璃封接件的电气性能，我们可以减少玻璃组成中的碱金属氧化物含量，加强玻璃的表面处理。

目前我国常用的部分封接玻璃的型号和特性如表 1-5 所示。

表 1-5　我国常用的部分封接玻璃的型号和特性

牌号		DW-203	DW-211	DW-216	DW-217	DM-305	DM-308	DM-320	DM-346
玻璃的化学组成（重量/%）	SiO_2	70.8	74.8	73	73	67.5	66.5	68.5	68.5
	B_2O_3	25	18	16.5	16.5	20.3	23	30.4	17.2
	Al_2O_3	1.2	1.4			3.5	3	3.1	2.5
	CaO								
	MgO								
	BaO								
	PbO			6	6				
	ZnO								5
	Na_2O	0.9	4.2	3	4.5	3.8	3.7	4	6.8
	K_2O	0.9	1.6	1.5		4.9	3.8	4	
热膨胀系数 $\times 10^{-7}$（20 ~ 400℃）		36 ± 1	40.5 ± 1	38 ± 1	38 ± 1	49 ± 1	48 ± 1	47.5 ± 1	47 ± 1
黏度相当于 10^{-6}Pa · a 时的软化点 /℃		590	610	620	600	575	555	575	590
抗热震性 /℃ ≥		240	230	230	250	190	200	210	210
退火范围	上限 /℃	430	530	520	520	535	500	520	555
	下限 /℃	380	385	400	380	410	360	370	420
f=6MHz 下 $tg\delta \times 10^4$（20℃ ≥）/℃		23	35	22	28	40	32	30	57
体积电阻率为 100MΩ · cm 时的温度（℃ > TK-100）/℃		370	300	350	290	290	300	290	250
密度 /g · cm^{-3}		2.16	2.25	2.30	2.35	2.29	2.25	2.34	2.30
抗水性级别		Ⅴ	Ⅴ	Ⅳ	Ⅳ	Ⅴ	Ⅴ	Ⅴ	Ⅰ

续表

牌号		DB-404	DB-413	DB-456	DG-502	DH-704	DT-801	高铝玻璃	九五料	GG-17	石英玻璃
玻璃的化学组成（重量/%）	SiO_2	55.5	69.5	62.5	47	1.5	67.3	55	78.4	80.5	100
	B_2O_3		2			8.5	2	12	14.2	12.75	
	Al_2O_3	1.5	< 1	3.7	< 1	2.5	2.5	21	1.7	2	
	CaO		5.5	2.8			7	5.5	0.44	0.35	
	MgO		3.5					6.5	0.18	0.12	
	BaO		2								
	PbO	30		16	30	77.5	Fe_2O_3 <0.2				
	ZnO				CaF_2 5	10	7		Fe_2O_3 0.085		
	Na_2O	3.8	11	15±0.5	6		14.2		5.4	4	
	K_2O	9.2	6.5	15±0.5	12				0.12	0.4	
热膨胀系数 $\times 10^{-7}$（20 ~ 400℃）		88±2	89±2	89 ± 2	109±2	89 ± 2	83±3	38	39	32	5.5
黏度相当于 10^{-6}Pa · a 时的软化点 /℃		500	580	520	465	360	590	910	750	820	1650
抗热震性 /℃ ≥		110	130	100	100		110	200	230	300	
退火范围	上限 /℃	450	500	470	440		520	680	535	560	1135
	下限 /℃	360	380	380			440				
f=6MHz 下 $tg\delta \times 10^4$（20℃ ≥）/℃		20	40	46	12		60				
体积电阻率为 100MΩ · cm 时的温度（℃ > TK−100）/℃		325	240	200	310	300	210				
密度 /g · cm^{-3}		3.05	2.5	2.75	3.14		2.58		2.28	2.23	2.2
抗水性级别		Ⅲ	Ⅳ	Ⅲ	Ⅴ		Ⅱ				Ⅰ

1.4 低熔点封接玻璃的表征

1.4.1 结构与形貌测试

（1）红外光谱（FTIR）分析。

当我们将一束不同波长的红外光照射在某种材料上时，如果材料分子中原子的振动频率刚好与某一红外波段的频率相等，该波段的红外光将被吸收，把吸收光的波长及对应的强度记录下来，就形成红外吸收光谱，可用于揭示材料中的空位、间隙原子、位错、晶界和相界等方面的关系，提供相关的结构信息。

（2）拉曼（Raman）光谱分析。

拉曼光谱是一种散射光谱，常与红外光谱互为补充，用于分析材料结构，尤其是无机非金属材料的结构。当单色激光照射在样品上，一部分光子与样品中的分子发生非弹性碰撞，通过检测仪可以检测到散射谱线，从而得到样品中分子集团的振动信息。

（3）核磁共振波谱（NMR）分析。

当处于磁场中的原子核磁矩不为零时，就会发生赛曼分裂，共振吸收特定频率的射频辐射，这种现象即被称为核磁共振现象。固体核磁共振波谱正是通过记录射频辐射变化来分析分子结构的一种图谱。核磁共振技术被发现后，它被迅速推广用于化学、医学、物理学等领域的研究，成为解析分子化学结构的有力证据。

对于无机非金属材料的结构来说，核磁共振可以检测出某一原子如 Si、Al 等元素的化学环境。如果分辨率较高，甚至可以对处于不同化学环境的原子数量进行定量计算。国内外有较多文献报道铝硅酸盐体系玻璃材料的 NMR 研究，多集中在 29Si 谱、27Al 谱的检测及分析中，通过探究玻璃结构中 Si、Al 元素的配位状态，能更好地解释玻璃的结构变化。

（4）X 射线衍射（XRD）分析。

晶体内原子之间的间距与 X 射线的波长极其相近，因此晶体可以作为 X 射线的衍射光栅，将高能电子束轰击金属靶时产生的 X 射线作用在样品上，即可与晶体发生衍射现象，使得射线在一些方向上减弱，在一些方向上增强，通过分析衍射结果可以获得晶体结构。由于不同晶体内部原子的排列方式以及间距都存在差异，因此 X 射线与起作用的衍射花样不同，当样品包含多种晶体时，其衍射花样不会相互干涉，而是同时显示，这也使得 X 射线衍射分析样品所含晶体类别具有较高的准确性与有效性。

（5）扫描电子显微（SEM）分析。

扫描电子显微分析主要是利用电子束在样品表面激发出的二次电子信号成像来观察样品的表面形貌。首先由电子枪发射电子束，经聚光镜装置汇聚为极狭窄的电子束扫描样品，样品与狭窄的电子束相互作用后被激发产生二次电子、背散射电子信号等。其中样品表面放大的形貌像可以通过二次电子产生，装置接受二次电子后经视频显示系统处理形成样品表面的微观形貌图。

1.4.2 性能测试

（1）差示扫描量热（DSC）分析。

差示扫描量热分析是指在程序控制温度下，通过测量输入试样与参照物中的功率差随温度的变化关系，分析在加热过程中试样发生的物理化学变化，如相变、分解等，进而判定出物质的相组成以及加热过程中的化学反应。差示扫描量热曲线的峰面积、峰的形状、峰所对应的温度均是分析的重点，可以用来定性鉴别物质，定量计算物质热效应的动力学参数。

（2）热膨胀性能测试。

大部分材料存在热胀冷缩现象，这主要是由于当温度发生变化时，物质内部原子的排列方式、间距也会随之改变，从而引起物质宏观体积的变化。热膨胀系数用来表征材料体积随温度升高的变化程度，即单位温度下材料的伸长量与原始长度的比值。检测材料热膨胀系数的测试即为热膨胀性能测试。热膨胀性能的测试对材料具有重要意义，尤其是对于电子器件的封接。封接玻璃与基板的热膨胀系数差别较大时，结合处产生的应力过大，影响封接质量，降低封接件的使用寿命。

示差法可测定材料的热膨胀系数，主要流程为将试样与石英玻璃管与石英玻璃棒接触，加热过程中，三者均随之伸长，但石英玻璃的热膨胀系数较小，伸长值较小。试样伸长导致与之接触的石英玻璃管产生位移，此位移为三种材料伸长值的叠加。根据已知的石英玻璃的热膨胀系数即可计算出待测材料的热膨胀系数。

（3）高温显微镜分析。

高温显微镜可以记录材料在升温过程中的体积变化规律，同时可以通过高温图像记录系统拍摄样品在升温过程中的轮廓变化图。利用高温显微镜可以观察玻璃的烧结、流散等行为，以分析玻璃的烧结机制，确定样品的烧结温度范围。

（4）耐酸性测试。

酸性溶液对玻璃的侵蚀，主要是由于 H^+ 或 H_3O^+ 与玻璃中的碱离子或带正电荷的阳离子进行交换。按照玻璃的酸侵蚀理论分析，由于酸性介质中的 H^+ 具有较强的活动性，可以深入玻璃表面的保护层内部与碱金属或者碱土金属离子类网络修饰体进行交换，从而对金属阳离子向玻璃表面扩散起到加速作用。玻璃的耐酸性主要取决于内部微观网络结构的完整性及玻璃表面的化学组成。

1.5 封接玻璃的应用

随着科学技术的发展，电子元器件的应用越来越广泛，用于电子元器件的封接材料的应用也越来越广泛。

封接用的玻璃主要有以下用途：陶瓷—陶瓷的封接，如气密性封接、集成电路（IC）硅芯片的封接、计算机磁头的磁隙封接等；玻璃—玻璃的封接，如显示器的管壳、彩色显像管的屏与锥等；金属—金属的封接，如气密性接线柱、电热元器件等。

玻璃粉用作封装材料时主要有以下用途：管壳封装，如彩色显像管的屏与锥的封装；涂层封装，如基板材料绝缘封装；钝化膜层，如用玻璃材料钝化 Si 半导体元件。

玻璃粉不仅可以用作封接材料和封装材料，还可以用作电子元器件的添加材料，如采用低熔点封接玻璃作为独石电容器的添加剂，不仅能降低独石电容器的烧结温度，使瓷料中的液相增加，固溶体颗粒间隙得到填充，致密度大大提高，还能改善陶瓷微观结构，提高独石电容器的电性能和抗老化性能。

1.6 封接玻璃的发展趋势

大量使用含铅制品会对环境和人类生存产生巨大的危害。熔制含铅玻璃时产生的大量铅的挥发物、生产含铅玻璃过程中产生的铅尘以及大量含铅的电子产品废弃物随意丢弃，进入空气中，在水和酸雨等的作用下，会长时间释放有毒的铅，再通过空气、水源进入人体内，危害人体健康。铅进入人体内一次量过多会对人体产生显著的危害，如 20g 碳酸铅进入人体内就会导致人体急性中毒，具体症状为口内有金属味，口腔黏膜变白、流涎，同时会恶心、呕吐、阵发性腹痛、便秘或腹泻，更严重的会发生抽搐、昏迷；又如醋酸铅 50g 经口部进入体内可致死。铅对人体健康和环境都有较大的危害，为此，世界各国已制定法律来控制铅等有毒物质的使用。

科学技术的不断进步使得人们的环保意识不断增强，人们越来越重视铅对环境的污染以及对人类的危害，人类对未来全球电子制造业的发展也向着无铅化、绿色化不断迈进。开发无铅低熔点封接玻璃技术或标准对我国家电、精密零部件、电子产品等产业具有十分重要的战略意义。同时，开发新型环保的无铅低熔点封接玻璃来代替现有的含铅玻璃，有助于突破国外封接制品的技术壁垒，具有重大的经济价值和积极的社会意义。

目前国际上对于无铅产品中铅的含量没有明确的定义，美国认为水管的钎焊（剂）中铅含量小于 0.2 % 即为无铅。而在欧洲，则认为水管的钎焊（剂）中铅含量小于 0.1 % 为无铅。此处不是指整体设备中的含铅量而是单个元器件中的含铅量，此水平很有可能被 ISO（International Organization for Standardization）公认。在电子封装方面无铅还没有确切的定义。

美国是最早开始施行电子行业无铅化方针政策的国家。20 世纪 80 年代后期，美国首次颁布了相关法律来限制铅的使用——铅税法（H.R. 2479，S.1347）、减少铅暴露条律（S.729）。1992 年，美国国会提出的 Reid 法案中明确规定在电子组装行业中禁止使用含铅物质。1994 年，北欧环境部长会议提出采用其他物质逐步取代铅的使用，从而减少铅对人类健康和生存环境的危害。1995 年，欧盟通过《报废的电子电气设备指令》（Waste Electrical and Electronic Equipment，WEEE）和《关于限制在电子电气设备中使用某些有害成分的指令》（Restriction of Hazardous Substances，RoHS）。欧盟于 2003 年 1 月 27 日通过 T2002/96/EC 法案，明确规定 WEEE 和 RoHS 自 2003 年 2 月 13 日生效，进一步规范电子电气产品的材料及工艺标准，使之更加有利于人体健康和环境保护。欧盟第 2 次决议草案提出自 2004 年 1 月 1 日起全面禁止使用含铅电子焊料，之后推迟至 2008 年 1 月 1 日起执行。2006 年 7 月 1 日起，含铅产品禁止在欧洲市场上销售，同时在 2004 年 5 月 13 日前，欧盟各成员国必须完成相关的立法工作。

各个国家中，当属日本对无铅焊料的响应最为积极。2001 年，由 Hitachi 牵头，Snoy、Sharp 等公司参与进行了 IMS 计划，该计划阐明了铅对生态环境的综合影响，以建立安全、高水平、对环境友好和面向未来的封接技术。2001 年，JIEP（Japan Institute of Electronic Packing）发起了“低温无铅焊料发展计划”。另外，1999 年至 2003 年，美国、日本和欧洲还相继发布了有关无铅化的指导性的规划路线图，它详细描述了无铅化发展的现状以及未来的工作方向和发展目标。我国信息产业部（工业和信息化部）也发布了控铅的相关条例或规定。

无铅化和封接低温化已成为低熔点封接玻璃未来发展的方向。目前能够替代 Pb 的元素有 V、Bi、P 等，国内外学者对含有这些元素的氧化物进行了大量研究，并取得了良好的成果。这些研究主要集中在钒酸盐体系玻璃、铋酸盐体系玻璃和磷酸盐体系玻璃三大体系上。目前，在可替代铅系玻璃的三大体系中，钒酸盐体系玻璃由于原料的剧毒性以及制备工艺的复杂性和高成本等因素，限制了其发展。铋酸盐体系玻璃在玻璃的结构与性质方面与铅系玻璃非常相似，并且制备工艺简单，拥有较好的发展前景。磷酸盐体系玻璃虽然封接温度低，但是化学稳定性差，通过引入氧化物虽能提高化学稳定性，但是会严重影响玻璃的热学性能。在后面的第 2 章至第 5 章将对各类无铅低熔点封接玻璃进行详细介绍。

第 2 章　钒酸盐体系低熔点封接玻璃

2.1 钒系氧化物的特性

V_2O_5 是橙黄色、红棕色结晶的粉末或灰黑色的片状物体，它的密度为 3.35g/cm^3，熔点为 690℃，微溶于水，不溶于乙醇，可溶于浓酸和碱。V_2O_5 是偏酸性的两性氧化物，钒处于元素周期表中第四周期元素中间位置。其左边的元素氧化物渐趋碱性，右侧的元素氧化物渐趋酸性，如表 2-1 所示。

表 2-1　第四周期部分元素氧化物的酸碱性变化

氧化物	K_2O	CaO	Sc_2O_3	TiO_2	V_2O_5	CrO_3	Mn_2O_7
酸碱性	强碱性	强碱性	弱碱性	两性	两性	酸性	强酸性

V_2O_5 在 700℃以上显著挥发。作为强氧化剂，V_2O_5 容易被还原，生成 3 种低价氧化物，特性如表 2-2 所示。V_2O_5 微溶于水而形成稳定的胶体溶液；溶于碱，生成钒酸盐；溶于酸不生成五价钒离子，而生成 VO^{2+} 离子。由于晶格中有脱除氧原子而得到的阴离子空穴，使得 V_2O_5 在 700~1125 ℃之间存在可逆反应，分解为氧和 VO_2，这种特性使得 V_2O_5 成为工业生产中广泛使用的高效反应催化剂。在 4 种钒系氧化物中，V_2O_5 的用量最大。同时，V_2O_5 作为一种 N 型半导体，来自氧原子的晶格缺陷造成了 V_2O_5 的导电性。

表 2-2　钒原子及四种价态钒离子的特性参数

物理化学参数	符号	V			
原子序数		23			
电子构型		$3d^3 4s^2$			
相对原子质量		50.941			
原子半径 / nm	r_a	0.135			
价态	Z	+2	+3	+4	+5
有效离子半径 / nm	r_i	0.079	0.064	0.059	0.054
原子核间距 / nm	a	0.214	0.199	0.194	0.189
阳离子半径 / 氧离子半径	ψ	0.564	0.457	0.421	0.386
离子势	z/r_i	25.3	46.9	67.8	92.6
键强	z/a	93	151	26	265
场强	z/a^2	44	76	106	140
单键强度	z/y	0.333	0.5	0.667	0.834
单键场强	$F_1=(z/a^2)/y$	7.3	12.7	17.7	23.3
离子折射率	R_i	25.6			
离子极化率	α_0	0.31			
离子能量	I（eV）	6.74			
电负性	X		1.4	1.7	1.9
离子键成分	io		54	44	38
共价键成分	co		46	56	62

2.2 钒酸盐体系低熔点封接玻璃的研究进展

钒玻璃是一种历史悠久的玻璃，在过去，V_2O_5 被广泛用作玻璃性质的调节剂，在玻璃组分中加入 V_2O_5 能够显著降低玻璃的软化温度和封接温度。钒原子的价层电子构型为 $3d^3 4s^2$，5 个电子都可参加成键，稳定态为 V^{5+}。V^{5+} 的半径为 0.054nm，比较大，V^{5+} 的最外电子层并未充满，容易被极化。钒在玻璃中可以以五价的 V_2O_5、四价的 VO_2、三价的 V_2O_3 和二价的 VO 四种类似氧化物的形式存在。V_2O_5 在高温下容易分解成低价氧化物，并随时间的延长而加剧。钒系氧化物的物理化学特性如表 2-3 所示。

表 2-3　钒系氧化物的物理化学特性

性质	VO	V_2O_3	VO_2	V_2O_5
颜色	灰	灰黑	蓝黑	橙黄
熔点 /℃	1790	1940	1967	693
沸点 /℃		3000	2700	1690（1750 分解）
酸碱性	碱性	碱性	两性	两性（以酸性为主）
V-O 距离 /nm	0.205	0.196~0.206	0.176~0.205	0.1585~0.202
密度/($g\cdot cm^{-3}$)	5.55~5.76	4.843	4.2~4.4	3.352

常见阳离子在玻璃中的空间结构以及配位数和玻璃中阳离子与氧离子半径之比 ψ 存在对应的关系，如表 2-4 所示。五价钒离子具有比较高的键强，其阳离子半径和氧离子半径的比值 ψ =0.386，从表 2-4 可知，处于四配位形成四面体的范围之内且偏上限，所以 V_2O_5 极易和许多氧化物生成二元体系玻璃，如表 2-5 所示。钒离子易与其他非金属元素形成高配位数的配位体；它在玻璃中的含量可以在比较大的范围内变化，展示出优异的特性。在硅酸盐体系玻璃和硼硅酸盐体系玻璃中 V_2O_5 可以引起析晶。Al_2O_3 与 V_2O_5 不能形成玻璃，SiO_2 与 V_2O_5 是否能形成玻璃还不确定。

表 2-4　阳离子在玻璃中的结构以及配位数和阳离子半径的关系

配位数	阳离子半径 / 氧离子半径	结构
3	0.155~0.225	三角体
4	0.225~0.414	四面体
6	0.414~0.732	八面体
8	> 0.732	立方体

表 2-5　含 V_2O_5 的二元玻璃组成范围

玻璃系统	V_2O_5/mol%
V_2O_5-P_2O_5	95~99
V_2O_5-GeO_2	10~75
V_2O_5-TeO_2	10~60
V_2O_5-BaO	63~73
V_2O_5-PbO	46~62

V_2O_5 与其他过渡金属元素一样，有增加玻璃的密度和折射率、降低玻璃介电常数和表面张力的作用；对玻璃的电学性质、介电常数、黏度、化学稳定性和热膨胀系数均有影响。

钒与氧有高的化学键强，无铅钒酸盐体系低熔点封接玻璃比浮法玻璃的热膨胀系数要低，如表 2-6 所示。将它用于等离子封接时可以在屏的四边形成压应力，提高等离子屏的整体强度和使用寿命。

表 2-6　封接玻璃的热膨胀系数（50 ~ 250℃）

玻璃系统	热膨胀系数 $\times 10^{-7}$/℃
PbO-SiO_2-B_2O_3	70~100
PbO-ZnO-B_2O_3	70~100
V_2O_5-ZnO-B_2O_3	60~110
V_2O_5-P_2O_5-BaO	60~100
V_2O_5-P_2O_5-Sb_2O_3	60~110

V_2O_5-ZnO-B_2O_3体系玻璃具有良好的介电性能和较大的介电常数，其软化温度比 PbO-ZnO-B_2O_3 玻璃低了 20℃左右。几种封接玻璃的温度参数如表 2-7 所示。通过在 V_2O_5-ZnO-B_2O_3 系封接玻璃组成中引入 SiO_2、B_2O_3、Al_2O_3、CuO 等成分，部分配方的化学稳定性优于含铅封接玻璃；同时具有优异的介电特性。上海玻搪所封接小组研究的 V_2O_5-

$ZnO-B_2O_3$ 体系玻璃，其膨胀系数为（45~61）$\times 10^{-7}$/℃，软化点为 330~600℃；用 ZnO_2 代替 ZnO，可以消除因 V_2O_5 中混有 VO_2 而引起的析晶现象；含有 0~30 mol%V_2O_5 的玻璃具有良好的成型性能和化学稳定性。曲远方等将 Al_2O_3 与 $V_2O_5-ZnO-B_2O_3$ 体系玻璃混合制得了优良的 600℃以下烧结的低温烧结电子陶瓷绝缘材料。

表 2-7 几种封接玻璃的温度参数　　单位：℃

玻璃体系	T_g	T_d	T_s
$PbO-SiO_2-B_2O_3$	280~520	400~580	440~580
$PbO-ZnO-B_2O_3$	280~520	350~450	430~500
$V_2O_5-ZnO-B_2O_3$	280~300	<500	<500
$V_2O_5-P_2O_5-CaO$	170~300	<500	<500
$V_2O_5-P_2O_5-Sb_2O_3$	<300	<500	<500
$V_2O_5-TeO_2-SnO$	250~400	<500	<500

日本市场上销售的用于陶瓷外壳密封的 $V_2O_5-P_2O_5$ 体系玻璃，其主要成分是 V_2O_5、P_2O_5，其中还保留了少量的 PbO，可完成 400~500℃的封接，但是由于含有一定量的剧毒物质 Tl_2O_3，现在在世界范围内已被限制使用。吴春娥等在此基础上研发了 $V_2O_5-P_2O-Sb_2O_3$ 体系玻璃，保留了其优良的温度特性。

经对 $50V_2O_5-30P_2O_5-20RO$（mol%）三元体系的研究发现，R 离子的性质决定了玻璃的软化温度（如图 2-1 所示）。As^{3+}、W^{6+} 离子的电场较强，可以显著提高软化温度；Tl^{3+}、Ag^+、Li^+、K^+ 离子的电场较弱，容易极化，它们降低了软化温度。但是其中铊的单质及其氧化物都有毒，故不建议在低熔点封接玻璃中使用。黑色的 $V_2O_5-P_2O_5-WO_3$ 玻璃易析晶。Garbarczyk J. E. 将富含 V_2O_5 的 $V_2O_5-P_2O_5-Li_2O$ 体系玻璃纳米化，提高了玻璃的热稳定性和介电性能。

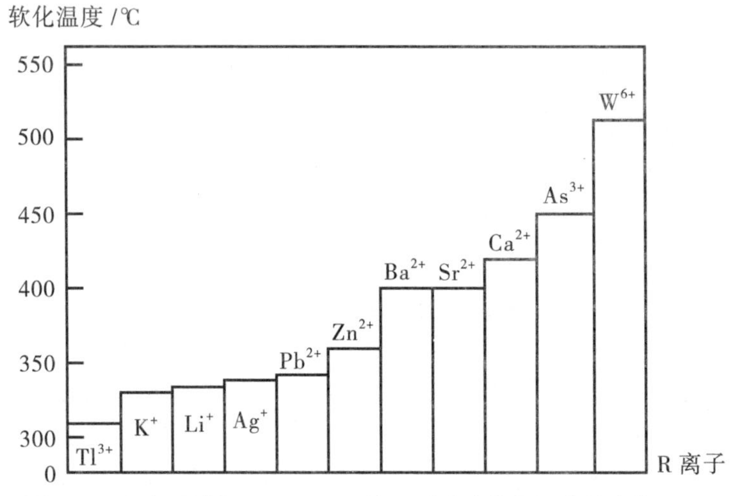

图 2-1　R 离子引入 V_2O_5-P_2O_5 体系后玻璃软化温度的变化

通过对 V_2O_5-P_2O_5-Fe_2O_3-MoO_3 体系低熔点封接玻璃的研究，赵宏生等给出了 V_2O_5-P_2O_5-MoO_3 三元体系和 V_2O_5-P_2O_5-Fe_2O_3-MoO_3 四元体系相图，如图 2-2 和图 2-3 所示。从图 2-2 和图 2-3 中可以看出，该体系的玻璃形成区域很宽，且其膨胀系数为（60~110）$\times 10^{-7}$/℃。V_2O_5-P_2O_5-MoO_3 三元玻璃的抗水化学稳定性在加入适量 Fe_2O_3 之后得到显著改善，完全达到实用化水平。

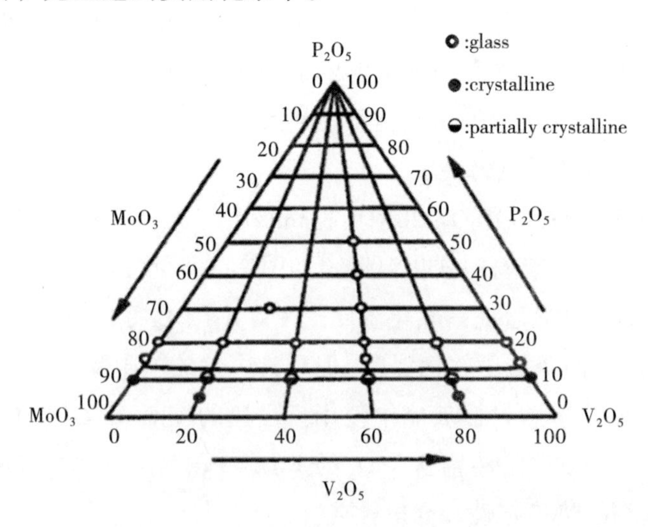

图 2-2　V_2O_5-P_2O_5-MoO_3 三元体系的玻璃形成区

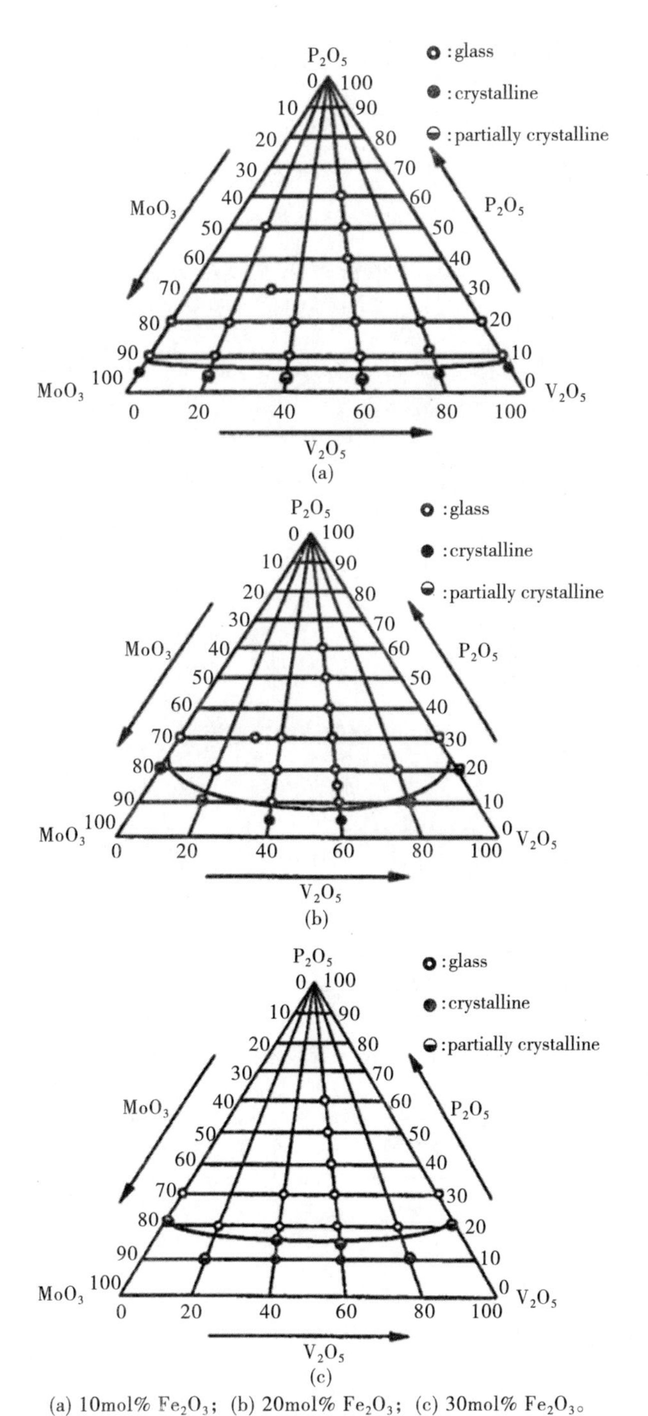

(a) 10mol% Fe_2O_3；(b) 20mol% Fe_2O_3；(c) 30mol% Fe_2O_3。

图 2-3　V_2O_5-P_2O_5-Fe_2O_3-MoO_3 四元体系的玻璃形成区

2.3 结晶型钒酸盐封接玻璃的制备与性能研究

结晶型封接玻璃的种类众多，不同制品的生产流程也不完全相同，这是造成其制备工艺流程多样性的原因。随着新制品的研发和应用范围的拓展，结晶型封接玻璃的生产流程也在不断革新和完善。概括起来，结晶型钒酸盐封接玻璃的制备方法大体可分为 3 种，即烧结法（工艺流程如图 2–4 所示）、溶胶 – 凝胶法（工艺流程如图 2–5 所示）、整体析晶法（工艺流程如图 2–6 所示）。此外，还有浮法、梯温场中定向析晶法等。

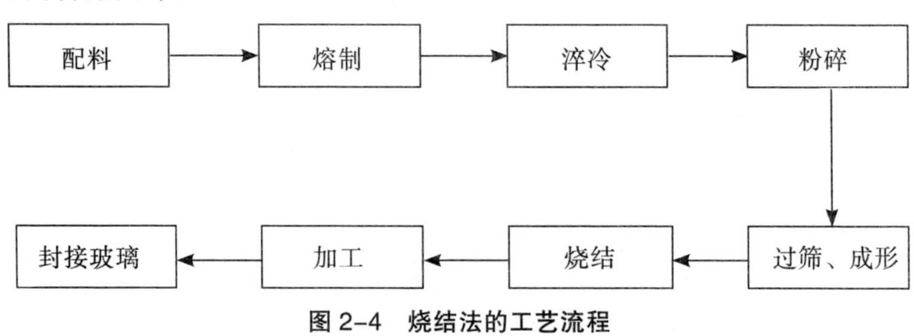

图 2–4　烧结法的工艺流程

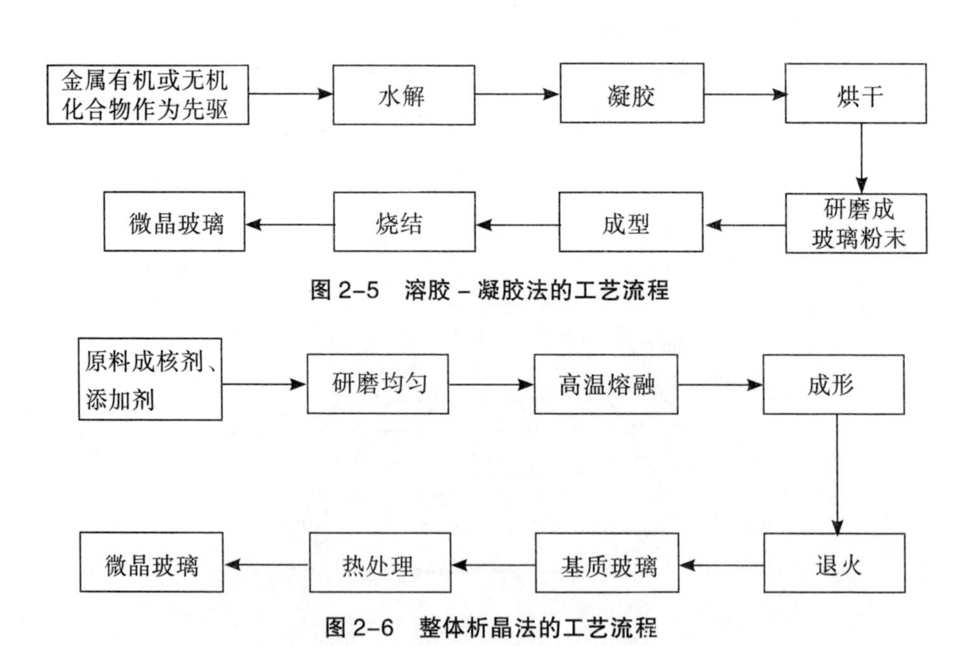

图 2–5　溶胶 – 凝胶法的工艺流程

图 2–6　整体析晶法的工艺流程

烧结法产生于20世纪60年代。采用烧结法制得的结晶型封接玻璃，能够有效控制晶相和玻璃相的比例，玻璃经淬冷后粒径较小，比表面积增加，有利于晶化，避免加入成核剂，晶粒尺寸较易控制。相对整体析晶法来说，此法制备基质玻璃的熔化温度较低，熔化过程较快，能够节约时间和能源；基质玻璃经过淬冷后，比表面积增加，可以采用表面析晶提高结晶型封接玻璃的晶体含量，解决了整体析晶能力差的问题。但是烧结法制备的材料往往存在气孔，其致密性不如整体析晶法制备的材料。应用此方法时，要求玻璃粉末的烧结温度低于析晶温度，否则析出的晶相会使玻璃黏度增大，原子迁移率降低，从而影响烧结过程的进行。烧结法对玻璃粉末粒度的大小和分布情况要求较高，粒度的变化对烧结温度和晶化温度都有影响。玻璃粉末粒度太小，有利于晶化，会使粉末的烧结温度高于析晶温度；玻璃粉末粒度太大，会造成样品的显微结构不均匀。

至今为止，运用烧结法制得的玻璃体系有以下几类：$Na_2O-CaO-MgO-Al_2O_3-SiO_2$体系、$MgO-Al_2O_3-SiO_2$体系、$CaO-Al_2O_3-SiO_2$体系等。

进入21世纪以来，溶胶－凝胶技术在先进材料领域受到高度关注，成为研究热点。它的制备过程是在低温下进行的，配料中某些低熔点组分难以挥发，同时解决了容器侵蚀的难题，制备的结晶型封接玻璃的成分符合化学计量，能够获得含量可控的微晶相，因此成为制备低温材料的新工艺。运用传统方法无法制备的材料，通过调节配方组成或添加其他组分，采用溶胶－凝胶法能够获得符合要求的新材料，在功能材料、结构材料等方面体现了重要的应用价值。但溶胶－凝胶法也有明显的缺点：起始物的成本较大，制备过程用时较长，不利于节能环保；在制备均匀溶胶过程中易发生絮凝现象；在烧结阶段，凝胶受热后体积发生变化，制备的样品容易变形。

至今为止，运用溶胶－凝胶法制得的玻璃体系有以下几类：$Li_2O-CaO-MgO-Al_2O_3-SiO_2$体系、$CaO-P_2O_5-SiO_2-F$体系、$BaO-SiO_2$体系、$MgO-Al_2O_3-SiO_2$体系、$TiO_2-SiO_2$体系、复相功能结晶型封接玻璃等。

整体析晶法又称为熔融－晶化法，是由玻璃的工艺流程演化来的，是最开始用来制造结晶型封接玻璃的工艺方法，目前仍是制造结晶型封接玻璃的常用方法。此方法是将原料混合物在高温条件下熔融，经固化成形制得基质玻璃，选择合适的热处理制度制得结晶型封接玻璃。此法的独特之处在于能借鉴任一玻璃的成形工艺（如吹制、拉制、压延等）。相对于陶瓷的成形方法，此法更有利于机械化生产、易控制样品材料的形状和尺寸；基质玻璃经过热处理后，可获得组成均匀的结晶型封接玻璃，且尺寸无明显改变，无气泡、裂纹等缺陷。但此法也有较明显的缺点：在熔制过程中对温度的控制要求高，且熔制时间较长。应用此法时要求玻璃在制备过程中无析晶现象，成形后较易进行机械加工，晶化阶段能较快析出晶体。

至今为止，运用整体析晶法制得的玻璃体系有以下几类：Li_2O-Al_2O_3-SiO_2 体系、MgO-Al_2O_3-SiO_2 体系、Li_2O-CaO-MgO-Al_2O_3-SiO_2 体系等。

因钒酸盐封接玻璃大部分性质与传统含铅封接玻璃陶瓷相近，而且钒离子多以 $[VO_6]$ 的方式参与网络结构，能明显降低制备的熔融温度，增加材料的力学性能、化学稳定性。本节以主晶相为 $Ba_3(VO_4)_2$ 的钒酸盐封接玻璃为例，介绍热处理制度对该体系封接玻璃样品析晶情况、热学及力学性质的影响。

2.3.1 实验内容

（1）样品的制备。

称取原材料 20 g 混合均匀后放入刚玉坩埚内，然后置于电阻炉中加热升温至 1400℃，将熔融液体取出，迅速压制成片，然后放入 450℃的马弗炉中退火，当温度达到室温时取出，得到基质玻璃 G。基质玻璃 G 的配料组成如表 2-8 所示。其中 ZrO_2 为成核剂，Sb_2O_3 为澄清剂。

表 2-8 基质玻璃 G 的配料组成

组成	BaO	V_2O_5	B_2O_3	SiO_2	NaF	ZrO_2	Sb_2O_3
含量 /%	45	20	15	10	5	3	2

（2）性能测试。

样品的 DSC 分析选用 SDT 2960 型热分析仪；选用 2500V 型 X 射线衍射分析仪对晶粒的组成进行测试；选用 JSM-7610F 型扫描电子显微镜观察晶粒的微观形貌；显微硬度分析选用 HVS-50 型显微硬度；样品的热膨胀系数测试选用 NETZSCH 公司生产的 DIL 402 PC 型热膨胀仪。

2.3.2 结果与讨论

（1）差示扫描量热（DSC）分析。

由图 2-7 可知，将样品从室温加热到 800℃，失重在 0.2% 左右，说明基质玻璃 G 在此温度范围内的热稳定性较好。图中 540℃处有放热峰，说明玻璃样品 G 在 540℃前后开始析晶。因此本研究选择一步析晶热处理，热处理制度如表 2-9 所示。

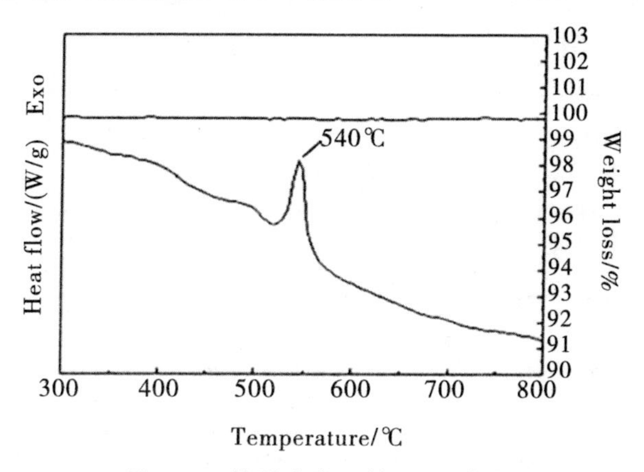

图 2-7 基质玻璃 G 的 DSC 曲线

表 2-9　基质玻璃的热处理制度

样品号	温度 /℃	时间 /h
A1	520	2
A2	530	2
A3	540	2
A4	550	2

（2）X 射线衍射（XRD）分析。

图 2-8 是结晶型封接玻璃样品 A1~A4 的 XRD 图谱。观察玻璃样品 G，发现无衍射峰存在，说明没有晶粒析出。样品 A1 的特征峰的强度较弱，说明样品 A1 开始有晶粒析出，处于析晶的初期。随晶化温度的升高，样品 A2、A3、A4 衍射峰值逐渐增大，分析其原因：晶粒的含量随着晶化温度的升高而相对增多，因此晶粒的特征峰越来越明显。与标准 PDF 卡片相对比，可确定主晶相为 $Ba_3(VO_4)_2$：29-0211。从图中还可以看出，虽样品 A1~A4 的衍射峰强度不同，但衍射峰的位置并没有变化，说明晶化温度的改变，并没有引起晶粒的改变。但热处理温度过高，晶粒迅速长大，样品 A4 出现了失透现象。因此控制晶化温度为 540℃，对保温时间进行调整，如表 2-10 所示。

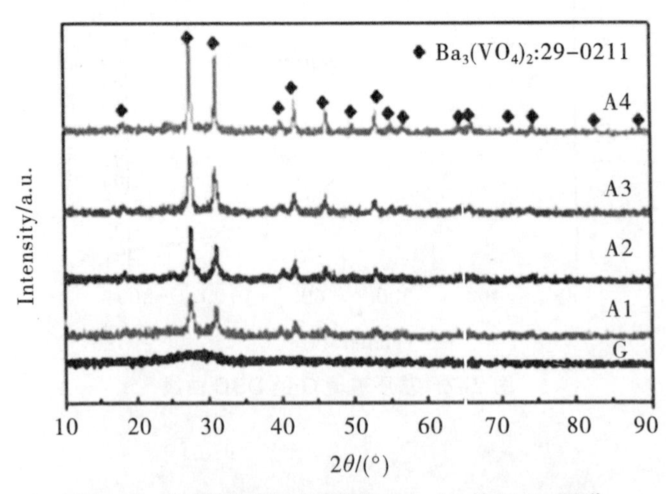

图 2-8　结晶型封接玻璃样品 A1~A4 的 XRD 图谱

表 2-10 基质玻璃 G 的热处理制度

样品号	温度 /℃	时间 /h
A5	540	0.5
A6	540	1
A7	540	2
A8	540	3

图 2-9 是结晶型封接玻璃样品 A5~A8 的 XRD 图谱。在晶化温度相同的情况下，随热处理时间增加，晶粒的含量逐渐增多，样品 A5、A6、A7 衍射峰越来越明显，与标准 PDF 卡片相对比，确定主晶相为 $Ba_3(VO_4)_2$：29-0211。当热处理时间增加到 3h，样品 A8 中相同位置的衍射峰峰值有所下降，并产生了新的衍射峰，与标准 PDF 卡片对比，确定为 ZrO_2：37-1484。

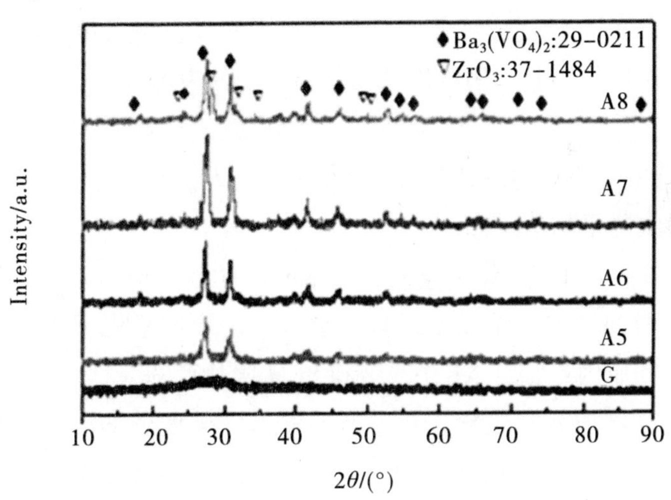

图 2-9 结晶型封接玻璃样品 A5~A8 的 XRD 图谱

（3）扫描电子显微（SEM）分析。

图 2-10 为结晶型封接玻璃样品 A5~A8 断面的 SEM 照片。由图可知：样品 A5 处于析晶的初期；保温时间为 1h 时，样品 A6 中晶粒数量增多；随保温时间增加到 2h，样品 A7 晶粒大小分布均匀；随保温时间继续增加到 3h，样品 A8 出现了特别明显的团聚现象。以上分析表明：

同一晶化温度下，保温时间的增加，有助于晶粒的生长；保温时间过长，将会引起晶粒相互堆积，出现团聚现象，影响结晶型封接玻璃的性能。

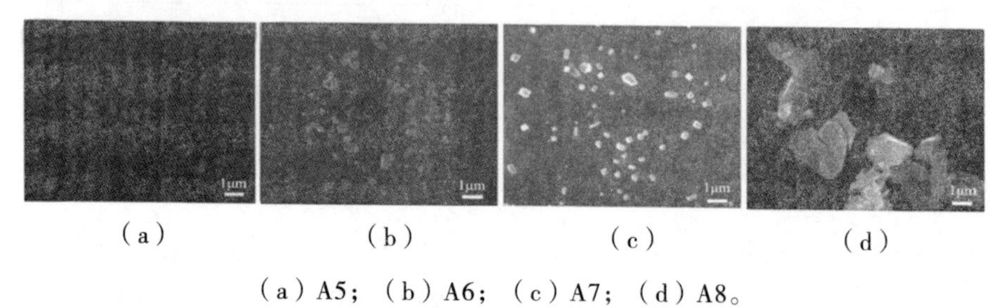

（a）　（b）　（c）　（d）

（a）A5；（b）A6；（c）A7；（d）A8。

图 2-10　结晶型封接玻璃样品 A5~A8 断面的 SEM 照片

（4）显微硬度分析。

图 2-11 是其质玻璃 G 和结晶型封接玻璃样品 A5~A8 的硬度值，测量的误差范围为 ±6HV。硬度作为材料的重要的力学性质，能够反映封接材料的抗塑性形变能力，是材料力学性质的重要指标。本实验选取压入法进行实验，用维氏硬度作为硬度的表示方法：

$$HV=1.854\times(F/d^2) \qquad (2\text{-}1)$$

式（2-1）中，HV 为维氏硬度（N/mm^2）；F 为施加负荷（N）；d 为压痕对角线的平均值（mm）。

由图 2-11 可知，结晶型封接玻璃样品的硬度值高于玻璃样品，且随热处理时间增加，结晶型封接玻璃样品的硬度呈先增大后减小的趋势。分析其原因：结合 XRD 图谱和 SEM 照片可知，样品 A5 中晶体的含量较少，玻璃相起主导作用，此时样品的硬度较低；随保温时间增加，样品 A6 中晶粒的数量增多，玻璃相减小，故而结晶型封接玻璃样品的硬度呈上升趋势；样品 A7 中晶粒分布较均匀，晶体与玻璃相咬合紧密，使得结晶型封接玻璃整体空间结构增强，抵御外力的能力更强，此时硬度达到最大为 388 HV；保温时间过长，样品 A8 中晶粒相互堆积，晶体分布不均匀，导致结晶型封接玻璃的内部结构杂乱，产生了缺陷，因此结晶型封接玻璃样品硬度降低。

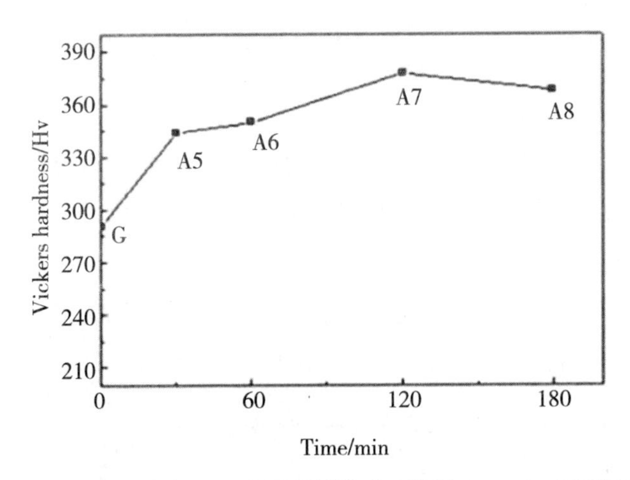

图 2-11　基质玻璃 G 和结晶型封接玻璃样品 A5 ~ A8 的硬度值

（5）热膨胀性能分析。

作为封接材料，热膨胀系数的研究尤为重要。在封接应用中，封接材料应与被封接材料具有相近的热膨胀系数。

以伸长量对温度作图即可得到样品的热膨胀曲线，如图 2-12 所示，在拐点处作切线，可以得到样品的两个特征温度 T_g 和 T_f，通过式（2-2）获得温度区间内的样品的平均热膨胀系数。

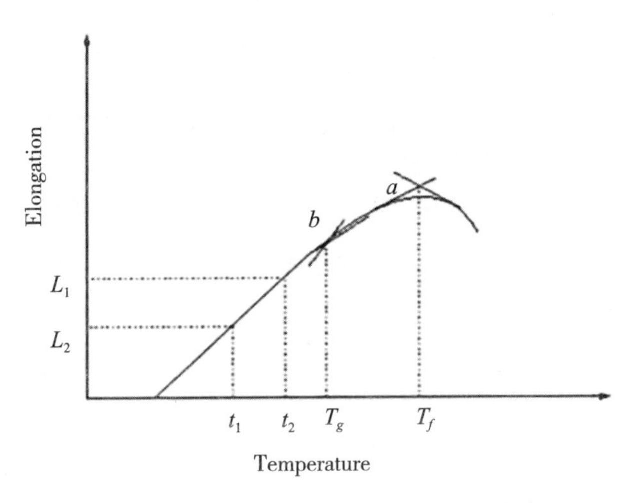

图 2-12　热膨胀曲线中玻璃转化点和软化点

$$\alpha=\frac{L_2-L_1}{L_0\times\left(T_2-T_1\right)}+\alpha_{参比} \tag{2-2}$$

式（2-2）中，α 为样品在温度区间内的平均热膨胀系数；L_0 为样品的初始长度；L_2-L_1 为某一温度区间内样品长度的差值；$\alpha_{参比}$为石英玻璃的平均线膨胀系数。

由图 2-13 可知样品的转变温度 T_g、软化温度 T_f，代入式（2-2）计算可得到样品在 20~300℃ 区间内的热膨胀系数，如表 2-11 所示。

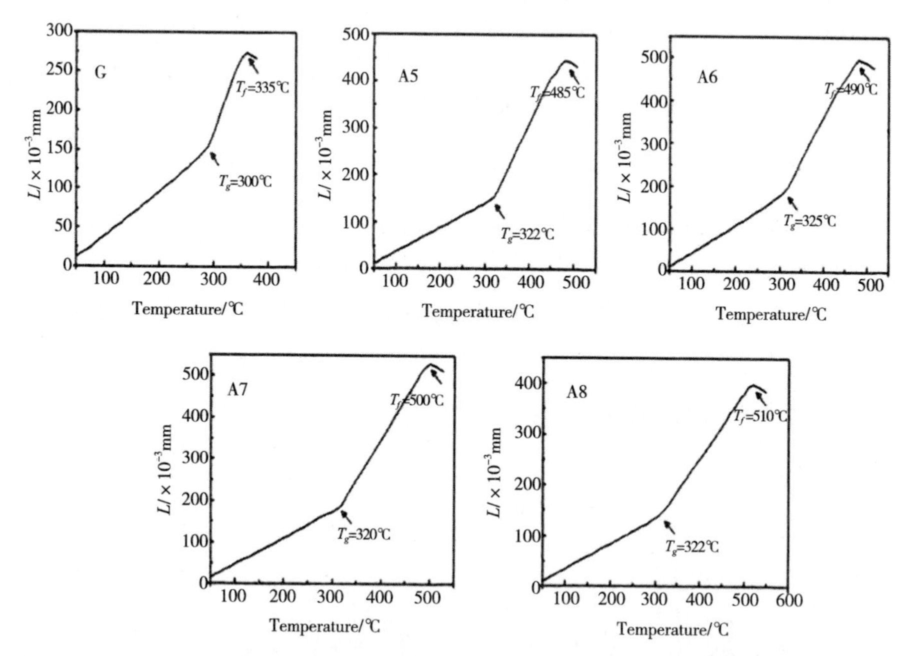

图 2-13　基质玻璃 G 和结晶型封接玻璃样品 A5~A8 的膨胀曲线

表 2-11　基质玻璃 G 和结晶型封接玻璃样品 A5~A8 的 T_g、T_f 及热膨胀系数

样品号	T_g/℃	T_f/℃	CTE/℃$^{-1}$
G	300	355	8.14×10^{-6}
A5	322	485	11.5×10^{-6}
A6	325	490	14.28×10^{-6}
A7	320	500	17.81×10^{-6}
A8	322	510	16.25×10^{-6}

从表 2-11 看出，基质玻璃 G 的两个特征温度 T_g 和 T_f 分别为 300℃、355℃，热膨胀系数为 $8.14\times10^{-6}/℃$。随热处理事件的增加，测得结晶型封接玻璃的样品转变温度 T_g 从 300℃增加到 320℃以上，软化温度 T_f 从 355 ℃增加到 485 ℃以上，热膨胀系数也不断增大。当热处理时间为 2h 时，样品 A7 的热膨胀系数为 $17.81\times10^{-6}/℃$，与金属铜的热膨胀系数（$17.7\times10^{-6}/℃$）临近，能够与金属铜直接封接，而样品 A8 的热膨胀系数略有降低。

分析其原因：由于随热处理时间增加，晶粒不断析出，使得结晶型封接玻璃整体的网络结构逐渐增强，因此软化温度 T_f 与转变温度 T_g 逐渐提高。结晶型封接玻璃的热膨胀系数不同于基质玻璃，它由晶相和残余玻璃相共同作用，晶相的热膨胀系数值较大，因此其热膨胀系数高于基质玻璃样品；而随热处理时间增加，晶粒逐渐增多，因此测得样品 A5 ~ A7 的热膨胀系数逐渐增大。保温时间过长，样品 A8 的析晶程度较大，结晶型封接玻璃出现了严重的团聚现象，导致其热膨胀系数降低。

上述实验通过熔融－晶化法制备了配比为 $45BaO-20V_2O_5-15B_2O_3-10SiO_2-5NaF-3ZrO_2-2Sb_2O_3$（mol%）的钒酸盐结晶型封接玻璃，并对结构及性能进行探究，得到以下结论。

①晶粒含量、分布情况和残余玻璃相共同决定了结晶型封接玻璃的热学及力学性能，随热处理时间增加，结晶型封接玻璃的软化温度 T_f、转变温度 T_g、热膨胀系数也逐渐增加，而硬度呈先增加后减小的趋势。

②在晶化 540 ℃，保温 2h 条件下，结晶型封接玻璃样品的转变温度 T_g、软化温度 T_f 分别为 320 ℃、500 ℃，其热膨胀系数为 $17.81\times10^{-6}/℃$，与金属铜的热膨胀系数值（$17.7\times10^{-6}/℃$）临近，能够代替有毒的含铅封接材料与金属铜直接封接。

第3章　铋酸盐体系低熔点封接玻璃

铋酸盐玻璃是以 Bi_2O_3-B_2O_3-ZnO 系或 Bi_2O_3-B_2O_3 系玻璃为基础发展起来的一类新型特种玻璃。目前，人们对铋系玻璃的研究主要集中在两个方面：一是铋酸盐玻璃作为一个新的玻璃体系，其系统组分的扩展开始为人们关注；二是铋酸盐玻璃具有较低的熔点，可以在低于1100℃的温度下熔制，有望成为新型无铅低熔点封接玻璃。

3.1 三氧化二铋的特性

根据元素对角线及相邻规则，铋、锡、铟和铊均可在低熔点封接玻璃中代替铅，铋的单质虽然有毒，但 Bi_2O_3 无毒性。纯的 Bi_2O_3 有 α 型和 β 型：α 型为黄色单斜晶系结晶，密度为 $8.9g/cm^3$，熔点为 825 ℃，溶于酸，不溶于水和碱；β 型为亮黄色至橙色，正方晶系，容易被氢气、烃类等还原为金属铋。Bi_2O_3 作为玻璃形成体，与 SiO_2、B_2O_3、P_2O_5 等玻璃形成体组分混合熔炼时，可以在比较大的浓度范围内形成玻璃；即使 SiO_2、B_2O_3 的含量仅有 1% 时也可以形成玻璃。Bi_2O_3 在玻璃中性质相似于 PbO，由于 Bi^{3+} 离子的极化率甚大，Bi-O 键趋向共价键，在玻璃中 Bi 配位数为 6，以 $[BiO_6]$ 的形式存在，和 $[SiO_4]$ 一起共同构成玻璃网络骨架。Bi 与 Pb 的电子构型、离子半径和原子量均很接近，这就导致 Bi_2O_3 和 PbO 在玻璃中形成相似的结构，拥有相似的性质，因此 Bi_2O_3 成为替代 PbO 的热门材料。

3.2 铋酸盐体系低熔点封接玻璃的研究进展

在对 Bi_2O_3-B_2O_3 系玻璃的研究中发现，随着 Bi_2O_3 含量的增加，玻璃结构会发生突变，使得玻璃的转变温度 T_g 点出现极值。玻璃的结构如图 3-1 所示。

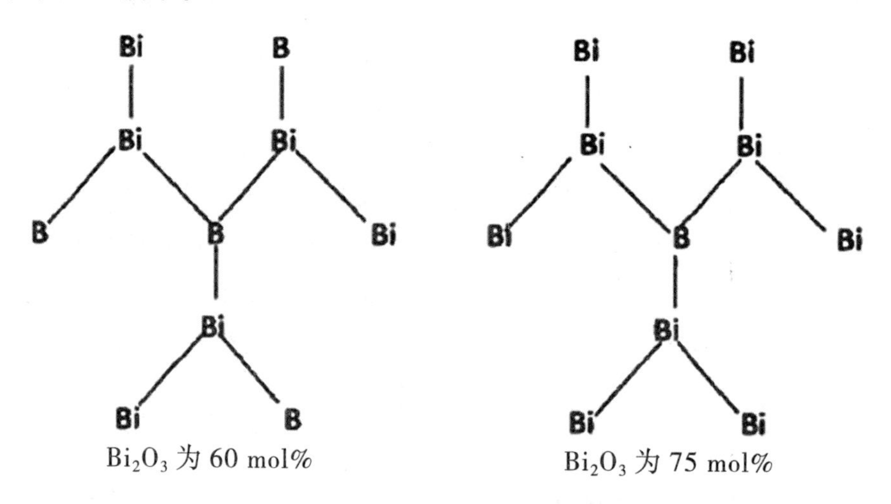

图 3-1　Bi_2O_3-B_2O_3 系玻璃结构图

Bi_2O_3-RO-B_2O_3 体系玻璃的封接温度可以降至 430～650 ℃，膨胀系数可以降至（80~118）$\times 10^{-7}$/℃。可以将 Bi_2O_3 直接代替 PbO 进入 PbO-ZnO-B_2O_3 体系，即可制备高膨胀系数、低熔点的 Bi_2O_3-ZnO-B_2O_3 系环保型微晶封接玻璃产品。其化学稳定性、机械强度等特性与含铅封接玻璃非常相似。玻璃熔封时，玻璃粉末之间随升温出现的液相使得烧结体得到有效的致密化，提高了封接效率。在何峰等研制的 Bi_2O_3-ZnO-B_2O_3 体系封接玻璃中，380 ℃时玻璃颗粒中间已经出现液相；随着增加玻璃中的 ZnO 含量，降低了玻璃颗粒中间出现液相所必需的温度，样品玻璃变得更加容易烧结，样品的烧结收缩率增大；随着温度的进一步升高，样品的烧结收缩出现了“滞缓”的现象，试样中出现大量的液相，并受到表面张力的作用而出现了流散现象；到了 460 ℃时，其所制作的样品都析出了 α - Bi_2O_3 晶相。

赵彦钊等研究了 Bi_2O_3-SiO_2-B_2O_3 体系的玻璃形成区域，并绘制了三元玻璃相图，如图 3–2 所示。该体系玻璃热膨胀系数小于 80×10^{-7}/℃，玻璃的转变温度 T_g 为 350~470 ℃，极易析晶。在玻璃的热膨胀系数方面，当 SiO_2 的含量为 10 mol % 不变时，膨胀系数随着 Bi_2O_3 含量的增加先降低，在 Bi_2O_3 含量大于 60 mol % 后转呈上升趋势；当 Bi_2O_3 的含量为 40 mol % 不变时，随着 SiO_2 含量的增加而降低。在玻璃转变温度方面，当 SiO_2 含量为 5mol% 不变时，转变温度在 Bi_2O_3 含量为 65 mol % 之前变化不大，之后随着 Bi_2O_3 含量的增加而降低。当 SiO_2 含量为 15mol% 不变时，随着 Bi_2O_3 含量的增加呈降低趋势。付明等人对玻璃体系温度特性受到 Al_2O_3、ZnO、NaF 和 Li_2O 的影响进行了研究，在此基础上研制出了软化温度低于 500 ℃、熔化温度低于 560 ℃的 Bi_2O_3–SiO_2–B_2O_3 体系结晶型封接玻璃，并以其为基础制备出了满足低温电极要求的导电银浆料。

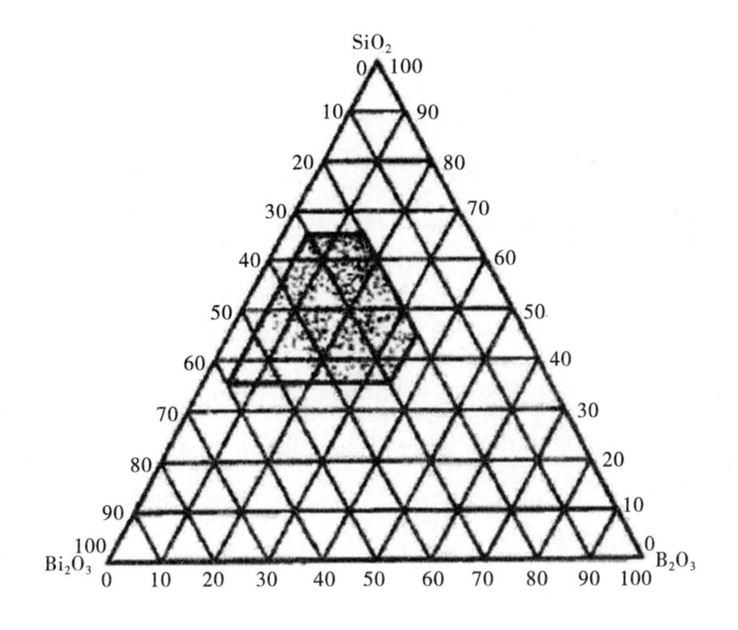

图 3–2　Bi_2O_3–SiO_2–B_2O_3 体系三元玻璃相图中的玻璃形成区域

Dyamant 等人对 Bi_2O_3–SiO_2–B_2O_3–ZnO 体系玻璃进行了研究，由于 $[BO_3]$ 转变为 $[BO_4]$，结构变得致密，当加入 10~30 mol% 的 B_2O_3 时，玻璃的膨胀系数为（53 ~95）$\times10^{-7}$/℃，随着 B_2O_3 含量的增加而下降；

玻璃的软化温度为 453~630 ℃，随着 B_2O_3 含量的增加而上升。霍马达利研究了 Bi_2O_3-SiO_2-CuO-ZnO 体系玻璃，沃尔顿研究了 Bi_2O_3-Ag_2O-SnO 体系玻璃，但都缺乏实用性进展。

罗世永等将转变温度为 476℃的 Bi_2O_3- BaO-B_2O_3 体系玻璃与导电石墨粉混合，制作了用于在玻璃基板上制作多层厚膜电路中的导电层，在 520~580 ℃内烧结的无铅石墨导电浆料。

白人骥研究了铋酸盐玻璃在阻挡放射性辐射的光学透明防护材料中的应用，并发现：铋、镉离子在铋酸盐玻璃中是玻璃的网络形成体，铋酸盐玻璃中的三配位硼均为具有三个桥接氧的对称 [BO_3]，当 Bi_2O_3 与 B_2O_3 之比一定时，随着 CdO 与 SiO_2 之比的增加，硅的化学位移向反屏蔽方向移动。他同时给出了如图 3-3 的三元玻璃相图。

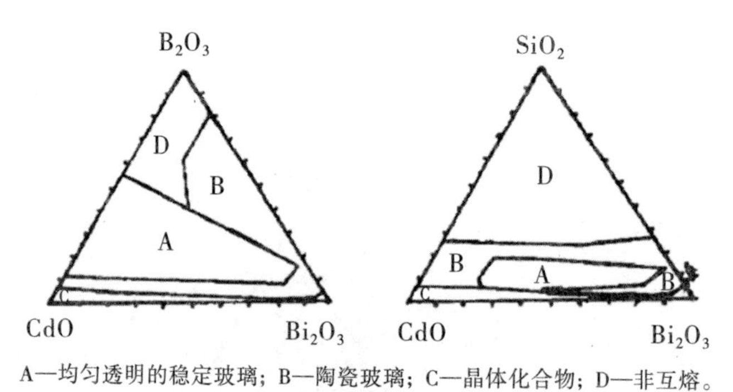

A—均匀透明的稳定玻璃；B—陶瓷玻璃；C—晶体化合物；D—非互熔。

图 3-3 Bi_2O_3-B_2O_3-CdO、Bi_2O_3-SiO_2-CdO 体系三元玻璃相图

目前，日本、韩国的等离子电视屏生产厂已开始大批量采用铋体系非晶体型封接玻璃；但我国的等离子电视屏生产厂采用铋体系封接玻璃时，由于生产工艺的原因，容易导致等离子屏上的 MgO 层开裂脱落，以及等离子屏良品率的下降，目前还无法批量应用。之所以出现上述问题，在于铋体系的封接温度比常用的铅体系封接玻璃高出近 20℃（封接温度为 460~500 ℃）且膨胀系数偏高。因此，对于我国目前的等离子屏生产工艺而言，要采用铋体系封接玻璃，在封接玻璃的封接温度降低（优选 430~460 ℃）、膨胀系数减小的研究与调整上还有许多工作要做，目前这是一个国际性的难题。

3.3 铋酸盐体系低熔点封接玻璃的制备与性能研究

本节首先以熔融浇注法制备的 Bi_2O_3–B_2O_3–ZnO 系基础玻璃为例，介绍 ZnO、Al_2O_3、BaO 成分变化对玻璃结构与性能的影响。其次，本节以铋酸盐体系玻璃封接钛及钛合金盖板与膨胀合金丝，探讨铋酸盐体系玻璃封接具有特殊用途的热电池盖板和膨胀合金丝的可行性，为工业化生产提供参考依据。

3.3.1　实验内容

（1）实验原料。本实验制备 Bi_2O_3–B_2O_3–ZnO 系基础玻璃的原料包括 Bi_2O_3、ZnO、HBO_3、SiO_2、Al_2O_3、$BaCO_3$ 等，各原料的具体情况如表 3–1 所示。

表 3–1　实验主要原料的具体情况

分子式	Bi_2O_3	H_3BO_3	ZnO	SiO_2	Al_2O_3	Ba_2CO_3
分子量	465.96	61.83	81.38	60.08	101.96	334.61
纯度（%）	99.00	99.50	99.50	99.00	99.00	99.00
试剂级别	分析纯	分析纯	分析纯	分析纯	分析纯	化学纯

制备钛及钛合金封接用铋酸盐玻璃的原料及纯度如表 3–2 所示。其中 H_3BO_3 的引入产生铋酸盐玻璃成分中的 B_2O_3，因其具有挥发性，实际的加入量需要略高于理论量。本实验加入量高于理论量的 15%，制备的铋酸盐玻璃的成分如表 3–3 所示。被封接材料是工业纯钛和 TC4 钛合金，极柱为 4J29 合金。

表 3–2　制备铋酸盐玻璃的原料及纯度

名称	氧化铋	硼酸	氧化钡	氧化锌	二氧化钛	三氧化钨
纯度	AR 级别	AR 级别	AR 级别	AR 级别	AR 级别	AR 级别

表 3-3　制备的铋酸盐玻璃的成分　（单位：wt%）

成分	氧化铋	氧化硼	氧化钡	氧化锌	氧化钛	氧化钨	其他
比例	69%	10%	8%	5%	4%	1%	3%

（2）实验设备。玻璃制备过程中所需仪器设备如表 3-4 所示。

表 3-4　玻璃制备过程中所需仪器设备

仪器名称	型号	生产厂家
电子天平	JA 2003N	上海恒平科学仪器有限公司
高温升降电炉	GMT-24-17	上海广益高温技术实业有限公司
电阻丝箱式电炉	SX2-10-13	湖北英山县建力电炉制造有限公司
鼓风式干燥箱	DHG-924385-III	上海宝宏实验设备有限公司
三头研磨机	RK/RPM	武汉洛克粉磨设备制造有限公司
X 射线衍射仪	D8 Advance	德国布鲁克公司
扫描电子显微镜	Zeiss Ultra Plus	德国蔡司公司
综合热分析仪	STA 449F3	德国耐驰公司
傅里叶红外变换光谱仪	Nicolet 6700	美国赛默飞仪器有限公司
共焦显微拉曼光谱仪	InVia	英国雷尼绍公司
热膨胀仪	DIL 402C	德国耐驰公司
高温显微镜	HM 867	德国耐驰公司
核磁共振仪	Avance III	德国布鲁克公司

（3）实验流程。制备 Bi_2O_3-B_2O_3-ZnO 系基础玻璃的实验流程图如图 3-4 所示，具体实验步骤为：根据组分设计的配方准确称取 150g 原料，充分混合后将配合料放入刚玉坩埚中，在高温箱式电阻炉中以 2.5℃/min 的升温速率升至 1250℃并保温 2h，将熔融的玻璃液在预热的不锈钢钢板上浇注成形，随后将定形的样品放入 380℃的马弗炉中退火，保温 1h 后断电使样品随炉冷却至室温，得到棕黑色透明的玻璃试样。

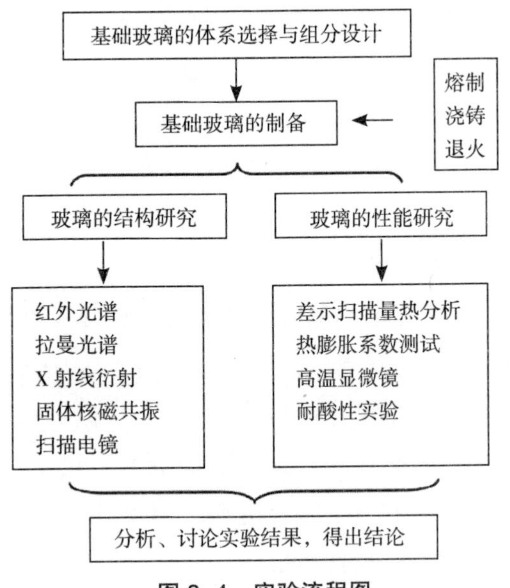

图 3-4　实验流程图

将玻璃样品敲碎、研磨后过 200 目筛得到低熔点封接玻璃粉。部分玻璃粉末用于 X 射线衍射、差示扫描量热、傅里叶变换红外光谱、拉曼光谱、固体核磁共振铝谱分析和高温显微测试。以适量 PVA 为黏结剂，与剩余的玻璃粉末混合后，在压力试验机上施加 60kN 的力，制成 6mm × 6mm × 40mm 的条状试样，在 430℃热处理后进行热膨胀系数测试；同时压制直径 15mm、高 5mm 的圆柱体试样，分别在 520℃、540℃、560℃、580℃、600℃等不同温度下进行热处理，进行耐酸性实验，再将部分热处理后的玻璃破碎用于扫描电镜分析，研磨并过 200 目筛用于 X 射线衍射分析。

制备钛及钛合金用铋酸盐玻璃的具体步骤为：称取原料放入刚玉坩埚内，将全部原料充分混合均匀，利用钼硅电炉进行加热，至 1100℃后保温 2h，然后将不锈钢板提前预热到 300 ℃，玻璃液倒在不锈钢板上，再利用电阻炉进行 250℃ ×1 h 退火，关闭钼硅电炉自然冷却至室温，即可制得熔制良好的、没有条纹及缺陷的、呈黄褐色的透明基础玻璃。

将其磨成长 40 mm、横截面为 5mm × 5mm 的玻璃棒，测试其热膨胀系数，与钛及钛合金的热膨胀系数进行对比并判断是否匹配。如果匹配，余下的玻璃可以制成玻璃珠。在钛片上放置玻璃珠，利用钼硅炉分别加热到500℃、520℃、540℃、560℃后保温0.5 h，测试各个温度下的润湿角，据此找出玻璃合理的封接温度。

（4）性能测试。

① 红外光谱（FTIR）分析

本实验中用于红外光谱测试的样品为过200目筛的粉末玻璃样品，使用的测试仪器为美国赛默飞世尔公司生产的Nicolet 6700型傅里叶变换红外光谱仪。测试采用溴化钾压片法制样，即取样品与分析纯KBr以1:100的比例于玛瑙研钵中，充分研磨混合、烘干；再取少量混合均匀的粉末放置于模具中，压制成透明、厚度均匀的薄片；然后将带有薄片的磨具置于检测室进行测试。

② 拉曼（Raman）光谱分析

本实验采用英国雷尼绍（RENISHAW）公司生产的共焦显微拉曼光谱仪，空间分辨率为横向1μm，纵向1μm，光谱分辨率为1~2cm，使用514激光器进行测试。

③ 核磁共振波谱（NMR）分析

本实验的27Al NMR波谱测试采用德国布鲁克公司生产的Avance III型固体核磁共振谱仪，磁场强度为9.4T，转子为7 mm的ZrO_2，魔角旋转转速为12kHz，共振频率为104 MHz。实验所得的图谱主要通过观察、分析谱峰化学位移、波形和面积等信息来判断元素的配位状态，进而确定玻璃结构信息。

④ X射线衍射（XRD）分析

本实验采用德国布鲁克公司生产的D8 Advance X射线衍射仪进行XRD衍射分析，并且对烧结前后的样品进行物相分析，测试采用Cu靶，Kα射线λ=1.5406A，管电压为40kV，管电流为40 mA，步进扫描步长为0.02°，扫描角度范围2θ=10°~80°。通过与PDF卡片对比可以分析玻璃粉末的析晶行为。

⑤ 扫描电子显微（SEM）分析

本实验首先将烧结后的玻璃样品用钳子夹成块状，并将表面抛光，用酒精清洗，表面喷金处理后利用德国蔡司公司生产的 Zeiss Ultra Plus 扫描电镜观察玻璃样品烧结后的表面形貌。

⑥ 差示扫描量热（DSC）分析

本实验进行 DSC 测试，采用的测试仪器是 STA 449F3 型综合热分析仪，测试温度为室温至 1000℃，升温速率为 10 ℃/min，参比样品为高纯的 Al_2O_3 粉末。

⑦ 热膨胀性能测试

本实验测试所用的设备为德国耐驰公司生产的 DIL 402C 热膨胀仪，加热速率为 5 ℃/min，热膨胀系数取值温度范围为室温至 300℃。通过测得的热膨胀曲线可以得到玻璃在某温度范围的线膨胀系数和玻璃的膨胀软化温度点。

⑧ 高温显微镜分析

本实验使用的高温显微镜型号为 HM 867。首先将基础玻璃粉末与酒精充分研磨混合，并用配套的模具压制成圆柱状样品，将样品轻轻置于 Al_2O_3 陶瓷基板上，再一起放入炉体中央的样品架上，并使样品尽可能地靠近热电偶。温度制度为以 40 ℃/min 的速率升温到 300 ℃，再以 5 ℃/min 的速率升温至熔化温度附近，升温过程中记录圆柱状样品的轮廓变化图像及体积变化曲线。

⑨ 耐酸性测试

本实验采用酸侵蚀前后的质量损失率表征玻璃的耐酸性。将基础玻璃粉压制成直径 15mm、高 5mm 的圆柱体试样并在 580℃下进行热处理，再将热处理后的玻璃试样置于 20 mL、质量分数为 10 % 的盐酸溶液中，室温条件下，浸泡 0.5h 后，取出试样进行清洗、干燥，称量其质量，通过质量损失率来表示样品的化学稳定性。每个试样进行 3 组实验，结果取平均值。

3.3.2 结果与讨论

（1）ZnO 含量对 Bi_2O_3–ZnO–B_2O_3–SiO_2–Al_2O_3 系低熔点封接玻璃结构与性能的影响。

① 玻璃组成

改变样品中 ZnO 的含量，B 组玻璃样品设计组成如表 3–5 所示。

表 3–5　B 组玻璃样品设计组成 /wt%

样品号	Bi_2O_3	ZnO	B_2O_3	SiO_2	Al_2O_3
B1	72.00	10.00	10.00	5.00	3.00
B2	70.00	12.00	10.00	5.00	3.00
B3	68.00	14.00	10.00	5.00	3.00
B4	66.00	16.00	10.00	5.00	3.00
B5	64.00	18.00	10.00	5.00	3.00

② 红外光谱分析 ZnO 含量对玻璃结构的影响

图 3–5 为 B 组玻璃样品的红外吸收光谱图，各吸收峰对应的振动类型如表 3–6 所示。

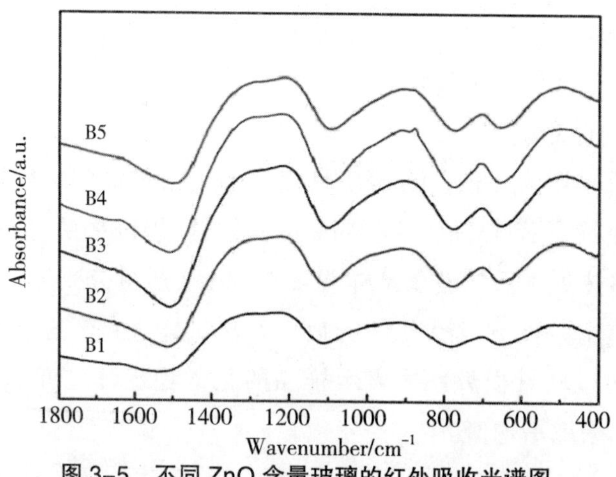

图 3–5　不同 ZnO 含量玻璃的红外吸收光谱图

位于（1220~1330）cm^{-1} 处的吸收峰为两个靠近的较强吸收峰的叠加，1220 cm^{-1} 附近的吸收峰归属于 $[BiO_3]$ 三角体中 Bi–O 键的伸缩振动，1320 cm^{-1} 附近的吸收峰归属于 $[BO_4]$ 四面体中的 B–O–B 键的振动。位于（900~1000）cm^{-1} 处的吸收谱带较宽泛，主要是 900cm^{-1} 和 1000cm^{-1} 处两个吸收峰的叠加，$[BiO_3]$ 三角体的伸缩振动引起了 900cm^{-1} 附近的吸收峰，$[BO_4]$ 四面体的反对称伸缩振动形成了 1000cm^{-1} 处的吸收峰，峰位由高波数逐渐向低波数移动。$[BO_3]$ 三角体中 B–O–B 键的弯曲振动形成了 700cm^{-1} 附近的谱带，根据红外吸收光谱图我们可以清晰地看到，由 B1 至 B5，随着 ZnO 含量增加，峰位是向高波数偏移的，且峰强逐渐增强，这表明在玻璃结构中出现了 $[BO_4]$ 向 $[BO_3]$ 的转变。$[BiO_6]$ 中 Bi–O 键伸缩振动引起了 500 cm^{-1} 附近的吸收峰。

表 3-6　Bi_2O_3–ZnO–B_2O3–SiO_2–Al_2O_3 系玻璃红外吸收谱带及对应的振动类型

波数（cm^{-1}）	振动类型
~477	$[BiO_6]$ 中 Bi–O 键的弯曲振动
~700	$[BO_3]$ 三角体中的 B–O–B 键的弯曲振动
~900	$[BiO_3]$ 三角体的伸缩振动
~1020	$[BO_4]$ 中 B–O–B 键的振动
1220~1330	$[BiO_3]$ 三角体中 Bi–O 键与 [BO4] 中 B–O–B 键振动的叠加
1635	$[BO_3]$ 中 B–O 键的反对称伸缩振动

ZnO 是玻璃网络中间体，与 Al_2O_3 的作用类似，既可以以 $[ZnO_4]$ 四面体结构存在增强网络，也可以以 $[ZnO_6]$ 的形式存在成为玻璃网络外体，填充于网络结构间隙，弱化网络结构。当 ZnO 含量较少时，Zn^{2+} 与 Al^{3+} 能够比 B^{3+} 更快地与游离氧结合形成 $[ZnO_4]$ 与 $[AlO_4]$，这导致 $[BO_3]$ 的数量不断增多，而 $[BO_4]$ 的数量相应减少。随着 $[ZnO_4]$ 与 $[AlO_4]$ 四面体进入玻璃网络体结构中，能够对玻璃网络起到增强的效果。玻璃中游离氧含量随着 ZnO 含量的增加而减少，多余出来的 Zn^{2+} 不能完全以四面体的形式与游离氧结合，而是以 $[ZnO_6]$ 的形式作为玻璃网络外体。

③ 拉曼光谱分析 ZnO 含量对玻璃结构的影响

图 3-6 为样品的拉曼光谱图，谱带对应基团的振动类型如表 3-7 所示。

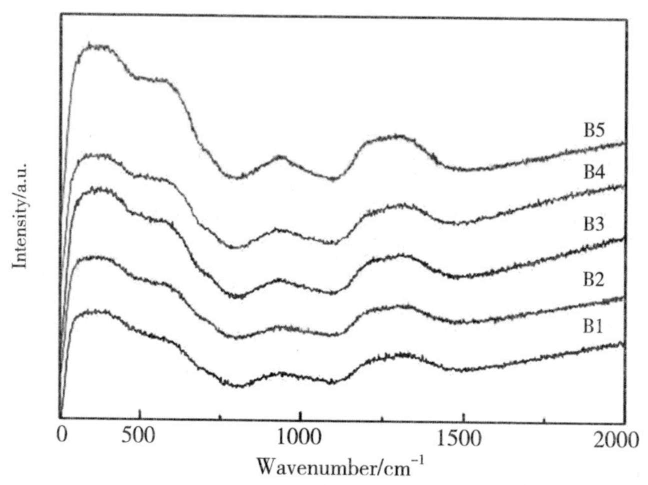

图 3-6 不同 ZnO 含量玻璃的拉曼光谱图

表 3-7 Bi_2O_3–ZnO–B_2O_3–SiO_2–Al_2O_3 系玻璃拉曼吸收谱带及对应的振动类型

波数（cm^{-1}）	振动类型
355	[BiO_6] 中 Bi–O–Bi 键的振动
500	[BiO_6] 中的 Bi–O 键的伸缩振动
620	[BO_3] 中 B–O–B 键的弯曲振动
940	[BiO_3] 中 Bi–O 键的伸缩振动
1200~1320	[BO_3] 和 [BO_4] 中 B–O 键的振动

从图 3-6 及表 3-7 中可以看出，350cm^{-1} 处一个强度较大的峰是由于 [BiO_6] 八面体中的 Bi–O–Bi 键振动引起的，在 500cm^{-1} 和 620cm^{-1} 的两个稍弱的峰分别归属于 [BiO_6] 中 Bi–O 键的伸缩振动和 [BO_3] 三角体中 B–O–B 键的弯曲振动，其中 620cm^{-1} 处的峰强度不断增加。940cm^{-1} 附近的振动归属于 [BiO_3] 中 Bi–O 键的伸缩振动。（1200~1320）cm^{-1} 的振动归属于 [BO_3] 与 [BO_4] 中 B–O 键的振动，拉曼光谱中主要为 Bi_2O_3 和 B_2O_3 的吸收峰，这与红外吸收光谱的结果基本一致。

④ 核磁共振波谱分析 ZnO 含量对玻璃结构的影响

不同 ZnO 含量下 Bi_2O_3–ZnO–B_2O_3–SiO_2–Al_2O_3 系玻璃的 27Al NMR 图谱如图 3–7 所示，通过 Peakfit 软件可以对重叠的峰进行分峰，从而探究玻璃结构中铝的配位状态变化。

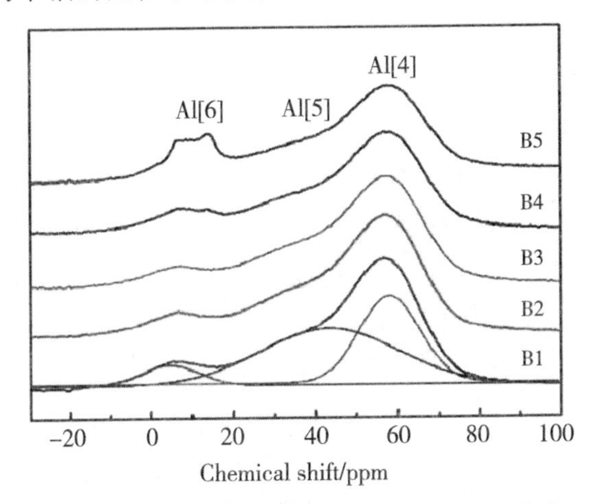

图 3–7 不同 ZnO 含量玻璃的 27Al NMR 图谱

从图 3–7 中可以看出，在 4.7 ppm、43.4 ppm 和 58 ppm 的位置，B1 分别有 3 个特征信号峰，所占的比例分别为 8.35%、54.24%、37.40%。研究表明，这 3 个化学位移所对应的铝氧多面体的结构单元分别为 $[AlO_6]$、$[AlO_5]$ 和 $[AlO_4]$。试样中 Al_2O_3 的结构单元中仅存在少量的 $[AlO_6]$，其主要以 $[AlO_5]$ 和 $[AlO_4]$ 多面体为主。随着 ZnO 含量的增加及 Al_2O_3 含量的相对减少，27Al 在 4.7 ppm 处 $[AlO_6]$ 所占的比例先减小后又增大，在 43.4 ppm 处 $[AlO_5]$ 的信号峰变得趋于平坦，而在 58 ppm 处 $[AlO_4]$ 所占比例却又逐渐增大。这种转变主要是由于玻璃中的游离氧数量发生了变化，一方面，Al_2O_3 的场强远比 ZnO 要大，它能够优先结合游离氧而形成 $[AlO_4]$ 进入玻璃网络结构；另一方面，随着游离氧的含量不断降低，阳离子对游离氧的争夺不断加强，Al^{3+} 与 Zn^{2+} 类似，部分 Al 逐渐由五配位转变为六配位，破坏玻璃网络结构。

⑤ XRD 分析 ZnO 含量对玻璃结构的影响

B1~B5 基础玻璃粉末及 520℃和 600℃热处理后样品的 XRD 图谱

分别如图 3-8 的（a）、（b）、（c）所示。从图 3-8 中可以明显看到，三种情况都只在 28℃左右有一个宽泛的馒头峰，这是非晶态硼酸盐玻璃的典型特征，没有晶体析出。在 520℃及 600℃对玻璃进行热处理，样品仍然呈现非晶态。这表明当该体系玻璃中 ZnO 含量为 10 wt%~18 wt% 时，无论是增加 ZnO 的含量，还是升高热处理的温度，都不会明显提高玻璃的析晶能力，样品中均无晶体析出。

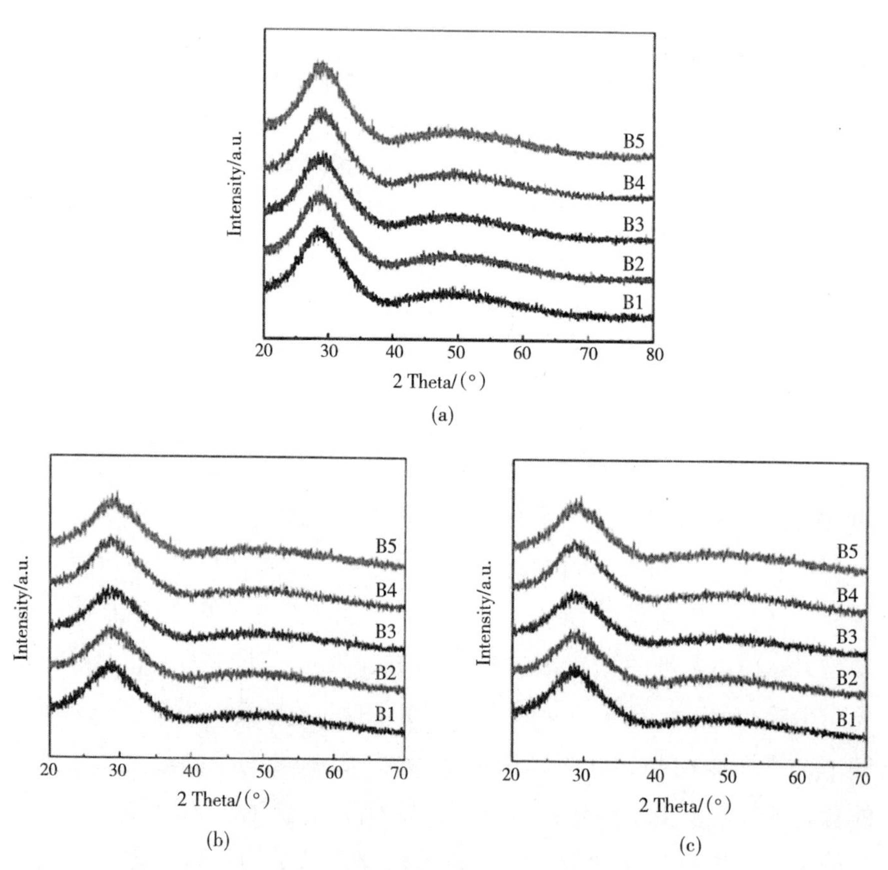

(a) 不同 ZnO 含量玻璃的 XRD 图谱；(b) 520℃热处理的 XRD 图谱；(c) 600℃热处理的 XRD 图谱。

图 3-8　样品玻璃的 XRD 图谱

⑥ SEM 分析 ZnO 含量对玻璃结构的影响

对样品热处理，分别在 520℃和 540℃下进行，接着对热处理后的样品表面进行喷金处理后在扫描电镜下观察，SEM 观察结果如图 3-9 所示。当玻璃样品在 520 ℃下烧结时，样品 B1 中玻璃颗粒的边缘和角部变得光滑，液相出现并相互融合。随着 ZnO 含量的不断增加，其他几种样品越来越完全熔化。这表明，在同样的温度下，ZnO 含量高的样品能产生更多的液相，使样品融合得更完全。当样品在 540 ℃烧结时，样品颗粒完全熔化，颗粒边缘消失。

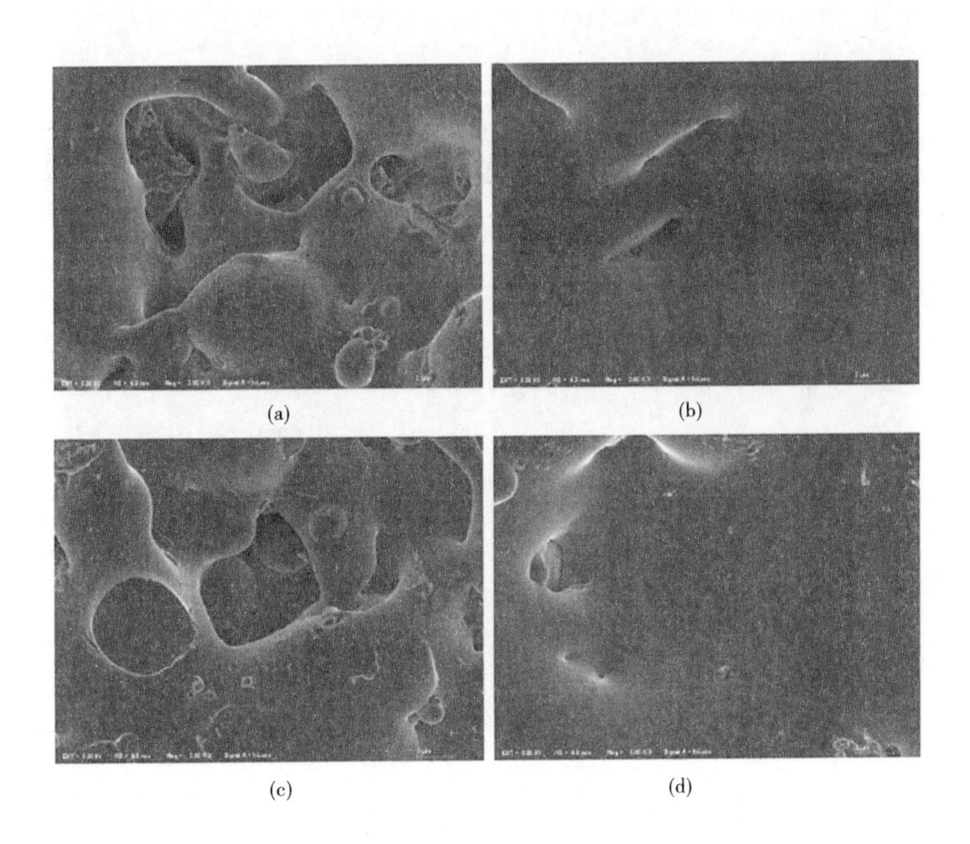

(a) (b)

(c) (d)

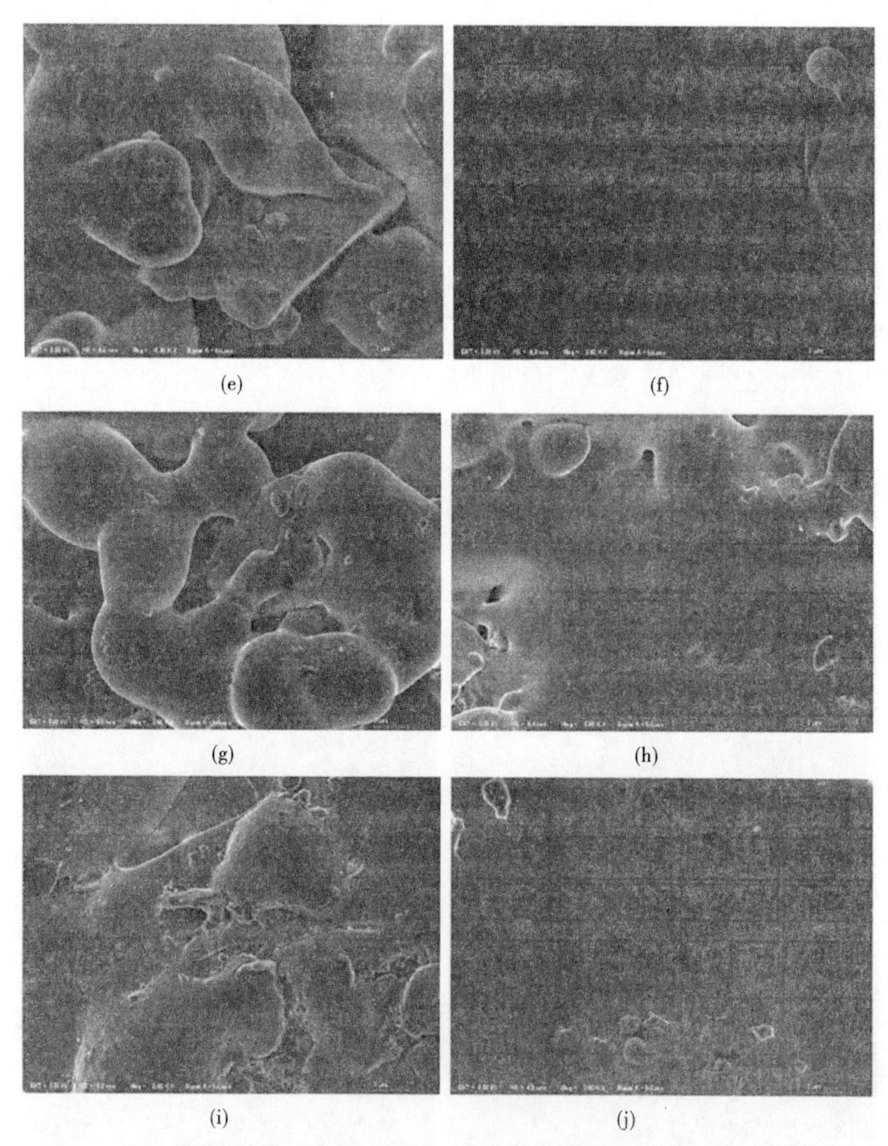

(a)B1, 520℃；(b)B1, 540℃；(c)B2, 520℃；(d)B2, 540℃；(e)B3, 520℃；(f)B3, 540℃；(g)B4, 520℃；(h)B4, 540℃；(i)B5, 520℃；(j)B5, 540℃。

图 3-9　样品的 SEM 图像

⑦ 差热分析 ZnO 含量对玻璃性能的影响

图 3-10 为样品的 DSC 图谱，可以得到玻璃转变温度。玻璃的特征温度和热膨胀系数如表 3-8 所示，玻璃的特征温度及热膨胀系数（CTE）

的变化曲线如图 3-11 所示。

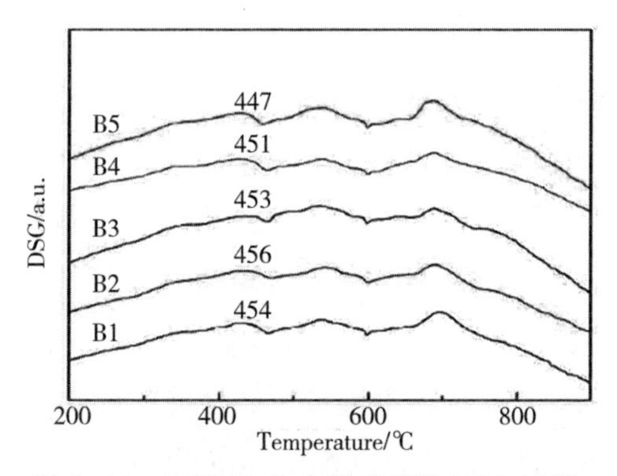

图 3-10　不同 ZnO 含量玻璃的 DSC 图谱

表 3-8　玻璃特征温度值和热膨胀系数

样品号	T_g/℃	T_f/℃	CTE/$\times 10^{-6}$ K^{-1}
B1	454	462	8.89
B2	456	471	8.62
B3	453	469	8.83
B4	451	467	8.77
B5	447	464	8.87

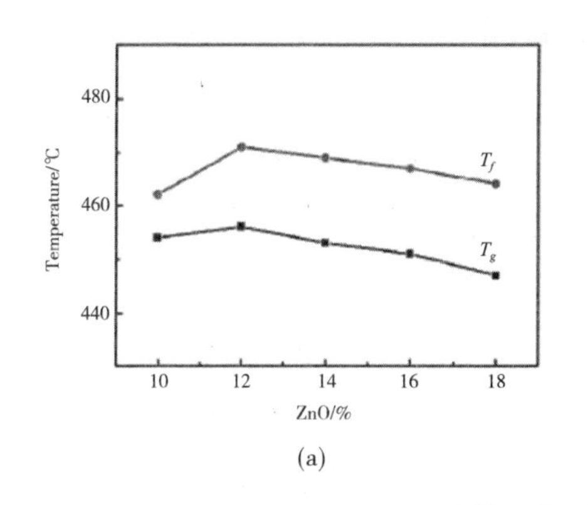

(a)

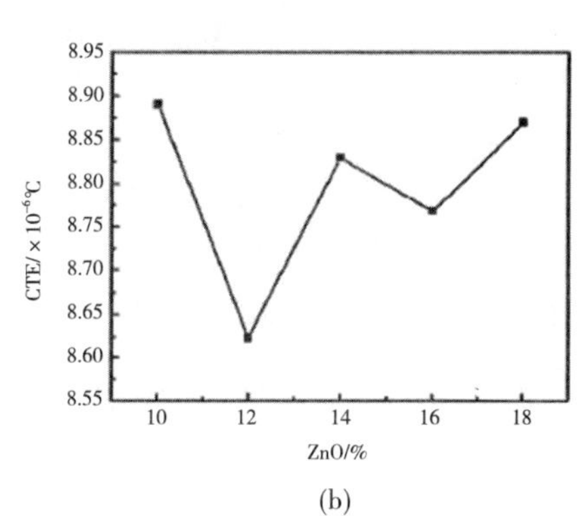

(b)

(a)T_g，T_f；(b)CTE。

图 3-11　不同 ZnO 含量玻璃特征温度及热膨胀系数的变化曲线

从热性能的分析可知，ZnO 出现了 [ZnO_4] 向 [ZnO_6] 的转变，玻璃网络结构先增强，后疏松，从而导致 T_g 和 T_f 先增大后减小。一部分 Al_2O_3 以 [AlO_4] 的形式存在于玻璃结构中起到补偿作用，且比例逐渐增加。当ZnO含量为16 wt%时，[AlO_4]对网络骨架的聚集作用稍强于[ZnO_6]和 [AlO_6] 的破坏作用，又使得 B3 到 B4 热膨胀系数略有减小。ZnO 含量变化对 Bi_2O_3–ZnO–B_2O_3–SiO_2–Al_2O_3 玻璃热学性能的影响与玻璃结构变化分析结果一致。

⑧ 高温显微镜分析 ZnO 含量对玻璃性能的影响

图 3–12 至图 3–16 分别为以 5℃ /min 升温时 B1~B5 试样在各温度点的轮廓图。

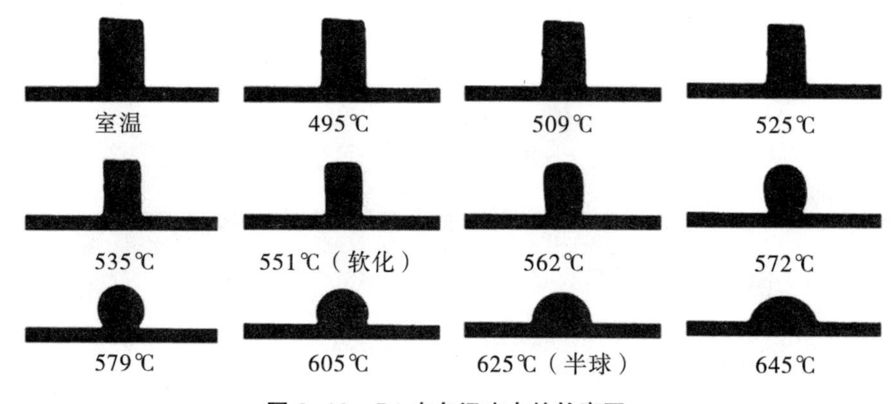

图 3–12　B1 在各温度点的轮廓图

从图 3–12 中可以看出，B1 随着烧结温度的升高，试样的变化可以分为五个阶段。第一个阶段的温度区间为室温至 495 ℃，试样体积随着温度升高出现微小膨胀。第二个阶段的温度区间为 495 ~551 ℃，试样体积收缩，进行着烧结致密化过程。第三个阶段的温度区间为 551~579 ℃，在这一阶段，试样的表面轮廓逐渐开始变圆滑。第四个阶段的温度区间为 579 ~ 625 ℃，试样的整体更加圆滑，同时伴随着径向方向的伸长以及体积上的膨胀。最后一个阶段是 625 ℃以后，在此阶段试样的润湿角逐渐变小，在陶瓷基板上铺展、摊平开来。

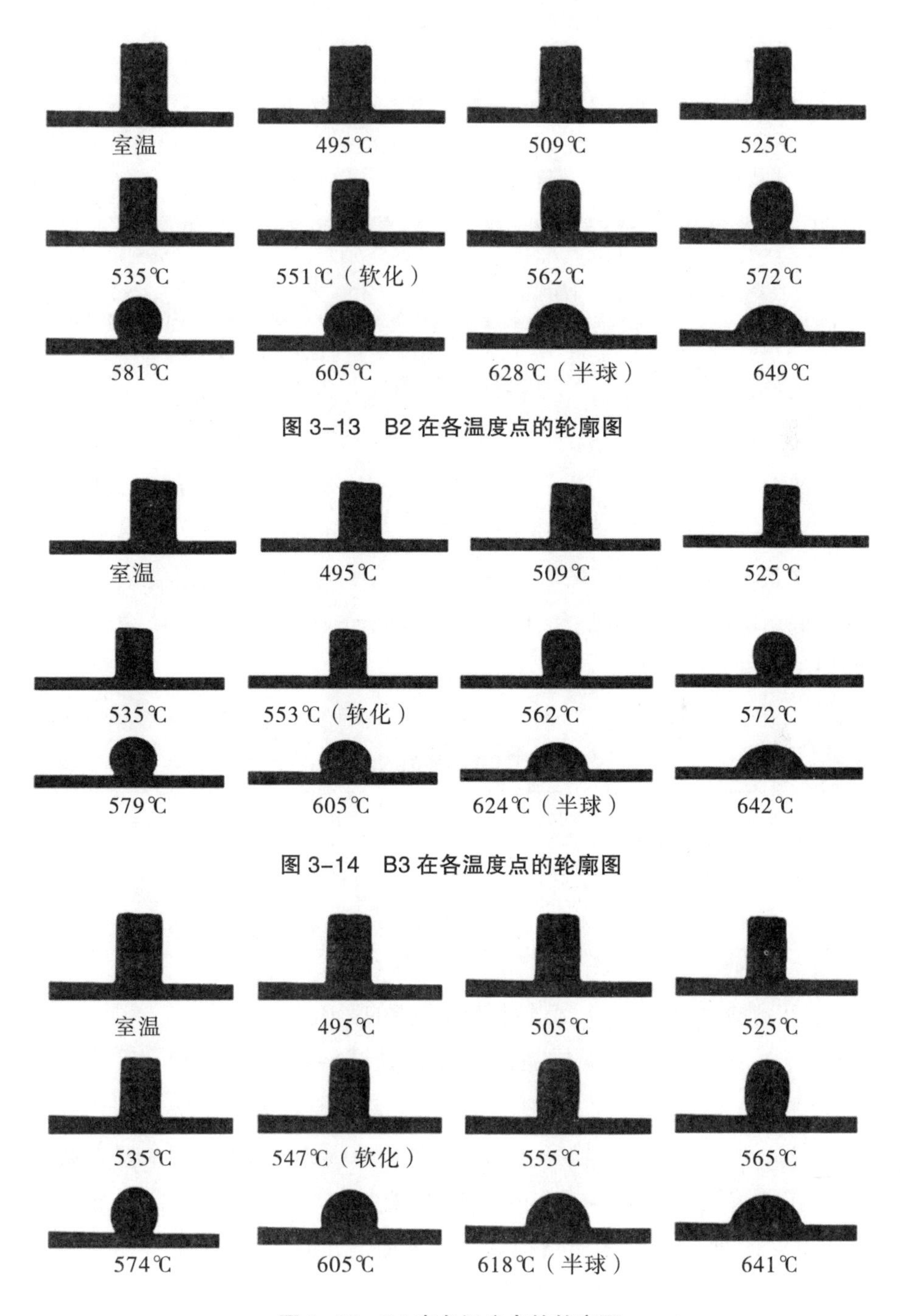

图 3–13　B2 在各温度点的轮廓图

图 3–14　B3 在各温度点的轮廓图

图 3–15　B4 在各温度点的轮廓图

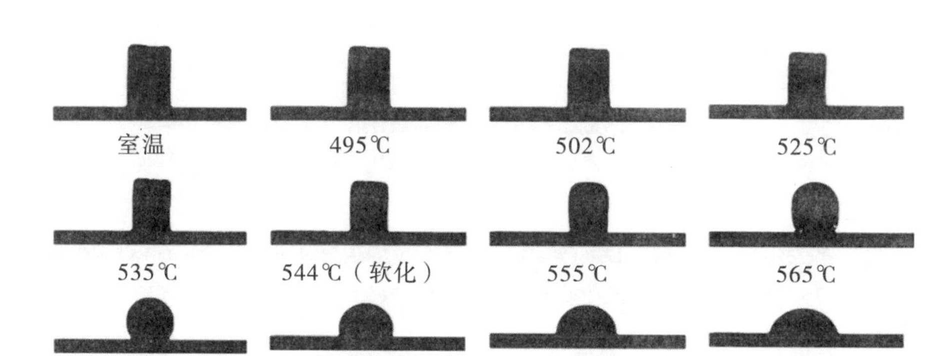

图 3-16　B5 在各温度点的轮廓图

从图 3-13 至图 3-16 中可以看出 B2~B5 的烧结过程与 B1 类似。

表 3-9 为 B1~B5 样品的烧结温度。棱角钝化温度及半球温度随 ZnO 含量的增加都是先增大后减小的趋势，与玻璃转变温度的变化趋势相似。B 系列玻璃的烧结使用温度范围为 544 ~ 628 ℃，B2 具有最大的烧结温度范围。

表 3-9　B1~B5 样品的烧结温度

样品号	B1	B2	B3	B4	B5
棱角钝化温度（℃）	551	551	553	547	544
半球温度（℃）	625	628	624	618	616

⑨ 耐酸性分析 ZnO 含量对玻璃性能的影响

表 3-10 为 5 个玻璃样品在 10% 的盐酸溶液中浸泡 0.5h 后的质量损失率（Δg）。随着 ZnO 含量的增加，玻璃样品在酸溶液中的质量损失呈现先减小后增大的趋势。ZnO 含量从 10 wt% 增加至 12 wt%，玻璃样品在酸溶液中的质量损失从 6.75% 减小为 6.36%。ZnO 含量继续增加至 18%，玻璃样品的质量损失率又增加至 8.52%。

当 ZnO 含量较少时，即小于 12 wt% 时，Zn^{2+} 先与 O^{2-} 结合形成 $[ZnO_4]$， B^{3+} 与 O^{2-} 结合形成 $[BO_3]$ 和 $[BO_4]$ 两种结构形式，玻璃结构的

稳定性增强，耐酸性有所提高。当 ZnO 含量继续增加至大于 12 wt% 时，$[ZnO_6]$ 的增多在玻璃网络结构间隙中破坏桥氧键，使得玻璃的稳定性下降，因此在酸溶液中的损失也增多，耐酸性下降。因此在一定含量范围内，ZnO 对玻璃的耐酸性有着先提高后降低的作用。

表 3-10　不同 ZnO 含量玻璃样品酸侵蚀质量损失

样品号	B1	B2	B3	B4	B5
g_1/g	3.83	3.74	3.78	3.88	3.77
g_2/g	3.61	3.49	3.38	3.58	3.53
Δg/%	6.75	6.36	7.28	8.14	8.52

通过上述研究，改变 Bi_2O_3-ZnO-B_2O_3-SiO_2-Al_2O_3 系玻璃中 ZnO 的含量，得到一系列组分不同的玻璃样品，并对其微观结构、热学性能及热处理后性能进行了探究，所得结论如下。

a. 当 Bi_2O_3-ZnO-B_2O_3-SiO_2-Al_2O_3 系玻璃中的 ZnO 含量小于 12 wt% 时，Zn^{2+} 与 O^{2-} 结合的能力强于 B^{3+}，因此会优先与 O^{2-} 结合形成 $[ZnO_4]$ 四面体，增强玻璃网络结构的稳定性，T_g、T_f 增大，热膨胀系数减小，同时玻璃结构中 $[BO_4]$ 减少，$[BO_3]$ 则相应增加。

b. 当 Bi_2O_3-ZnO-B_2O_3-SiO_2-Al_2O_3 系玻璃中的 ZnO 含量大于 12wt% 时，随着 ZnO 含量的增加，玻璃中 O^{2-} 含量不断减少，Zn-O 多面体由四配位 $[ZnO_4]$ 转变为六配位 $[ZnO_6]$，网络结构遭到破坏，$[BO_4]$ 的减少使得玻璃网络结构变得疏松，T_g、T_s 减小，热膨胀系数增大。

c. 当 ZnO 含量为 16wt% 时，$[AlO_4]$ 对网络骨架的聚集作用稍强于 $[ZnO_6]$ 和 $[A1O_6]$ 的破坏作用，又使得 B3 和 B4 热膨胀系数略有减小。

d. 在该体系玻璃中，当 ZnO 含量为 10 wt%~18 wt% 时，ZnO 含量的提高和热处理温度的升高对玻璃析晶能力没有明显的促进作用，基础玻璃粉末及其不同温度热处理后的样品都为非晶态。

综上所述，当 Bi_2O_3-ZnO-B_2O_3-SiO_2-Al_2O_3 系玻璃中 ZnO 含量为

12 wt% 时，此时玻璃的化学稳定性最高，且具有较大的烧结温度范围。

（2）Al_2O_3 含量对 Bi_2O_3–ZnO–B_2O_3–SiO_2–Al_2O_3 系低熔点封接玻璃结构与性能的影响。

① 玻璃组成

改变玻璃系统中 Al_2O_3 的质量百分含量，得到 A 组 Bi_2O_3–ZnO–B_2O_3–SiO_2–Al_2O_3 系玻璃试样，各样品设计组成如表 3–11 所示。

表 3–11　A 组玻璃样品设计组成　　　　单位：wt%

样品号	Bi_2O_3	ZnO	B_2O_3	SiO_2	Al_2O_3
A1	70.00	10.00	10.00	8.00	2.00
A2	70.00	10.00	10.00	7.00	3.00
A3	70.00	10.00	10.00	6.00	4.00
A4	70.00	10.00	10.00	5.00	5.00
A5	70.00	10.00	10.00	3.00	7.00

② 红外光谱分析 Al_2O_3 含量对玻璃结构的影响

玻璃网络结构中存在多种功能基团，样品受到红外光照射时，不同基团吸收特定波长的红外光，根据红外光的吸收光谱图可以推断出玻璃结构中可能存在的原子基团，同时，根据光谱图中吸收峰的强度、形状和位移可以定性判断原子基团数量的变化情况。研究发现，Bi_2O_3 在 Bi_2O_3–ZnO–B_2O_3 体系玻璃中一般存在两种配位方式：三配位的 [BiO_3] 和六配位的 [BiO_6]。由于玻璃体系中游离氧含量的限制，B_2O_3 也以 [BO_3] 和 [BO_4] 两种配位形式存在。

图 3–17 为 A 系列玻璃样品的红外吸收光谱图，A1 到 A5 样品中 Al_2O_3 的含量由 2wt% 增加至 7wt%，表 3–12 为该系列铋硼酸盐玻璃主要红外吸收峰的位置及振动类型。

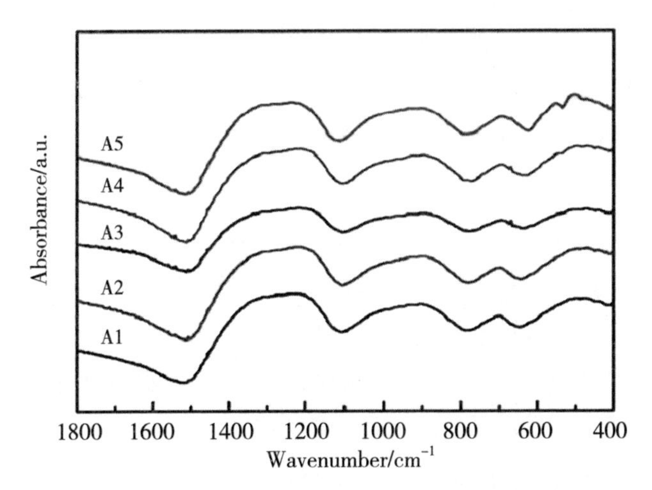

图 3-17　不同 Al_2O_3 含量玻璃的红外吸收光谱图

表 3-12　Bi_2O_3–ZnO–B_2O_3–SiO_2–Al_2O_3 系玻璃红外吸收谱带及对应的振动类型

波数 /cm^{-1}	振动类型
500	[BiO_6] 中 Bi–O 键的弯曲振动
550，670	[AlO_6] 八面体的振动
700	[BO_3] 三角体中 B–O–B 键的弯曲振动
900	[BiO_3] 三角体的反对称伸缩振动
1220~1330	[BO_3] 三角体中 Bi–O 键与 [BO_4] 中 B–O–B 键振动的叠加

玻璃的红外吸收光谱有 4 个主要的吸收区，Al_2O_3 含量的变化使玻璃结构发生改变，从而引起样品红外吸收峰位置的偏移或者强度的变化。位于（1220~1330）cm^{-1} 处宽而强的吸收峰表征为 1230cm^{-1} 和 1320cm^{-1} 处彼此靠近的两个吸收峰的叠加，1230cm^{-1} 附近的吸收峰归属于 [BiO_3] 三角体中 Bi–O 键的伸缩振动，1320cm^{-1} 附近的吸收峰则归属于[BO_4]四面体中的B–O–B键的振动，随着铝含量增加向低波数移动。（850~1100）cm^{-1} 处较宽的吸收谱带是 900 cm^{-1} 和 1012 cm^{-1} 处两个吸收峰共同形成的，900cm^{-1} 处的吸收峰是由 [BiO_3] 三角体的反对称伸缩振动引起的，1012cm^{-1} 处的吸收峰为 [BO_4] 中 B–O–B 键的拉伸振动形成的。700cm^{-1} 附近的谱带则归属于 [BO_3] 三角体中 B–O–B 键的弯曲振动，随着 Al_2O_3 含量的变化，强度没有明显变化，但峰位出现向低波

数偏移现象。$[AlO_4]$ 的吸收带位于与硼酸盐基团相同的位置，因此很难确定 700cm^{-1} 处吸收峰归属于 $[BO_3]$ 或是 $[BO_3]$ 与 $[AlO_4]$ 四面体基团的组合。500 cm^{-1} 附近的吸收峰为 $[BiO_6]$ 中 Bi–O 键弯曲振动引起的。

A3、A4、A5 在 670cm^{-1} 和 550cm^{-1} 处的峰归属于 $[AlO_6]$ 八面体的振动，随着 Al_2O_3 含量从 4 wt% 增加到 7 wt%，670 cm^{-1} 和 550 cm^{-1} 处的小峰出现并且变得更清晰强烈，这表明 Al_2O_3 在 A1 和 A2 玻璃中主要以 $[AlO_4]$ 四面体的形式进入玻璃网络结构中，在 A3、A4、A5 中主要以 $[AlO_6]$ 八面体的形式存在作为网络中间体，破坏网络结构。

在玻璃中加入少量 Al_2O_3 且游离氧存在的条件下，由于 Al^{3+} 比 B^{3+} 具有更大的核电荷数而优先与自由氧结合形成 $[AlO_4]$ 四面体，增强网络结构，使玻璃结构更加稳定，降低玻璃的热膨胀系数。在此玻璃体系中，随着 Al_2O_3 外加量的增加，$[AlO_4]$ 也逐渐向 $[AlO_6]$ 转变，$[AlO_6]$ 八面体的增加使得网络结构遭到破坏。另一方面 Al_2O_3 增加使得游离氧含量减少，$[BO_3]$ 增多，$[BO_4]$ 减少，从而又引起玻璃网络结构疏松，软化点降低。

③ 拉曼光谱分析 Al_2O_3 含量对玻璃结构的影响

拉曼光谱的原理与红外光谱类似，可以通过玻璃中不同功能基团对特定波长激光的散射作用来推断玻璃结构，常与红外光谱互为补充。图 3–18 为样品的拉曼光谱图，从 A1 到 A5 样品中 Al_2O_3 的含量逐渐增加。将 A2 的拉曼光谱图通过高斯函数利用 Peakfit 分解成图 3–19 所示的 6 个峰的叠加以找出确切的振动模式，其他玻璃样品具有类似的振动类型，峰的位置仅有轻微的偏差。谱带对应基团的振动类型列于表 3–13 中。

表 3–13　Bi_2O_3–ZnO–B_2O_3–SiO_2–Al_2O_3 系玻璃拉曼吸收谱带及对应的振动类型

波数 /cm^{-1}	振动类型
350	$[BiO_6]$ 中 Bi–O–Bi 键的振动
550	$[BiO_6]$ 中 Bi–O 键的伸缩振动
620	$[BO_3]$ 中 B–O–B 键的弯曲振动
940	$[BiO_3]$ 中 Bi–O 键的伸缩振动
1200~1320	$[BO_3]$ 和 $[BO_4]$ 中 B–O 键的振动

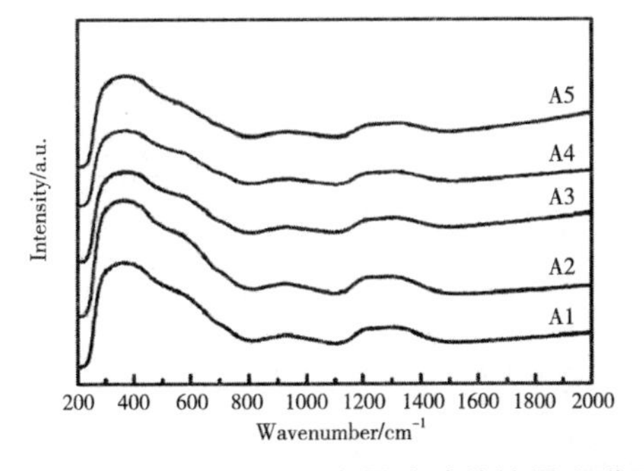

图 3-18　不同 Al_2O_3 含量玻璃的拉曼光谱图

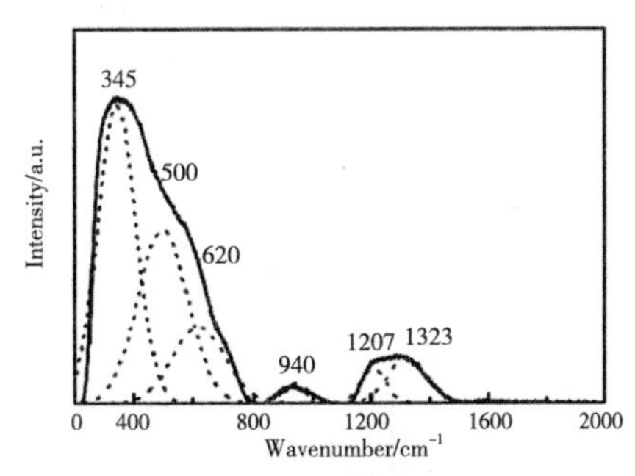

图 3-19　A2 拉曼光谱分峰

从图 3-19 中可以看出，350cm^{-1} 附近一个强度较大的峰是由于 $[BiO_6]$ 八面体中的 Bi-O-Bi 键振动引起的，在 500 cm^{-1} 和 620 cm^{-1} 的两个稍弱的峰分别归属于 $[BiO_6]$ 中的 Bi-O 键的伸缩振动和 $[BO_3]$ 三角体中 B-O-B 键的弯曲振动。940 cm^{-1} 附近的振动归属于 $[BiO_3]$ 中 Bi-O 键的伸缩振动。（1200~1320）cm^{-1} 为 $[BO_4]$ 和 $[BO_3]$ 中 B-O 键的振动。由于样品中 ZnO 和 SiO_2 的含量较少，拉曼图谱中以 Bi_2O_3 和 B_2O_3 的散射峰为主，与红外光谱图的结果基本一致。

④ 核磁共振波谱分析 Al_2O_3 含量对玻璃结构的影响

Al_2O_3 在氧化物玻璃体系中一般存在 $[AlO_4]$、$[AlO_5]$、$[AlO_6]$3 种配位状态，3 种原子团在固体核磁共振铝谱的图谱中对应化学位移分别位于 60ppm、30ppm、0ppm 附近，其中 $[AlO_5]$ 的谱线通常较宽，且位于 $[AlO_4]$ 与 $[AlO_6]$ 的谱线之间，比较难以观察。

不同 Al_2O_3 含量下玻璃的 27Al NMR 图谱如图 3-20 所示。利用 Peakfit 软件对重叠的峰进行分峰以探究 Al_2O_3 含量变化对玻璃结构中铝的配位状态的影响。从图中可以看出，在 Al_2O_3 含量较低的 A1 样品中，Al 元素在 6.4 ppm、37ppm 和 57ppm 处存在 3 个特征信号峰，研究表明，这 3 个化学位移所对应的铝氧多面体的结构单元分别为 $[AlO_6]$、$[AlO_5]$ 和 $[AlO_4]$，随着玻璃中 Al_2O_3 含量的增加，A2、A3、A4、A5 玻璃中 Al 在 6.4ppm 处的特征信号峰越来越强，也越来越尖锐，37ppm 和 57ppm 处明显的信号峰则变得较为平坦。铝氧多面体由四配位 $[AlO_4]$、五配位 $[AlO_5]$ 为主转变且以六配位 $[AlO_6]$、四配位 $[AlO_4]$ 为主，与红外光谱图

的结果相吻合。

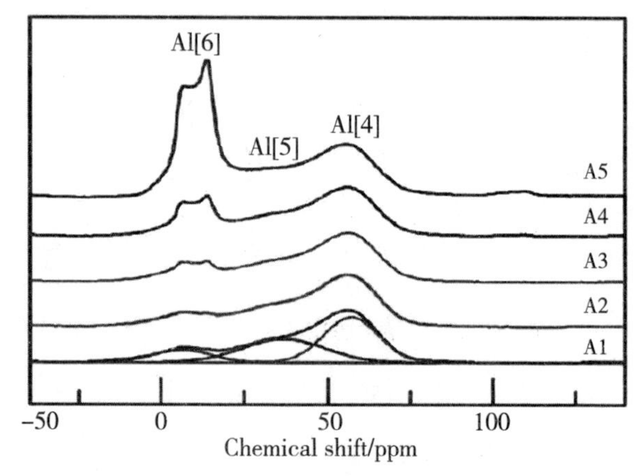

图 3-20　不同 Al_2O_3 含量玻璃 27Al NMR 图谱

铝的配位状态的变化通常与玻璃系统中的游离氧含量有关，从 A1 到 A5 的过程中，Al_2O_3 的含量逐渐增加，铝氧多面体逐渐从四配位转变为六配位。当 Al_2O_3 含量较少时，Al_2O_3 主要以 $[AlO_4]$ 存在，在一定范围内加强了玻璃网络结构的积聚作用；随着 Al_2O_3 含量的增加，玻璃结构中的游离氧含量减少，系统中的游离氧不足，因此会引起场强大的阳离子对氧负离子的争夺，此时 Al_2O_3 会优先以 $[AlO_6]$ 八面体结构存在。

⑤ XRD 分析 Al_2O_3 含量对玻璃结构的影响

图 3-21 是不同 Al_2O_3 含量玻璃样品的 XRD 图谱。从图中可以看出随着 Al_2O_3 含量的提高，A1 到 A4 样品只在 28℃有一个较宽的馒头峰，是典型的非晶态物质的衍射特征，当 Al_2O_3 含量达到 7 wt% 时，A5 样品有了明显的衍射峰，经过查阅索引并且与标准 PDF 卡片对比，可知主晶相为 $ZnAl_2O_4$。这说明当 Al_2O_3 含量提高到一定程度时该体系玻璃会出现析晶。玻璃的析晶主要是由于玻璃制备过程中形成的晶核、玻璃网络结构的非均匀性、表面缺陷及玻璃内部存在的残余应力导致的。在 Bi_2O_3 含量较高的低熔点封接玻璃体系中，Bi_2O_3 可以作为玻璃形成体。本实验基础玻璃组分中的 SiO_2 含量较少，B_2O_3 和 Al_2O_3 的引入使得玻璃结构中的中心离子种类增加，会对玻璃中的氧离子产生争夺，

从而促进了玻璃的分相与析晶。

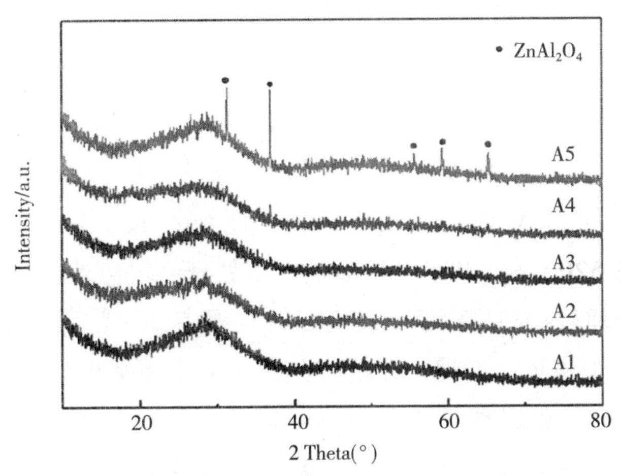

图 3-21 不同 Al_2O_3 含量玻璃的 XRD 图谱

图 3-22 与图 3-23 分别为 520 ℃和 600 ℃热处理后样品的 XRD 图谱。如图 3-22 所示，当玻璃样品在 520 ℃烧结时，A1 至 A3 主要为非晶相，样品 A4 和 A5 结晶。A4 几乎刚出现析晶现象，只有少数强度非常弱的衍射峰。从衍射峰强度及数量上来看，A4 明显比 A5 衍射峰强度弱，这表明 A5 中的晶体析出量要明显高于 A4，其主晶相为 $ZnAl_2O_4$。从图 3-23 可以看出，当烧结温度为 600 ℃时，与图 3-22 类似，A4 和 A5 结晶，主晶相仍为 $ZnAl_2O_4$，A5 中沉淀的晶体量高于样品 A4。

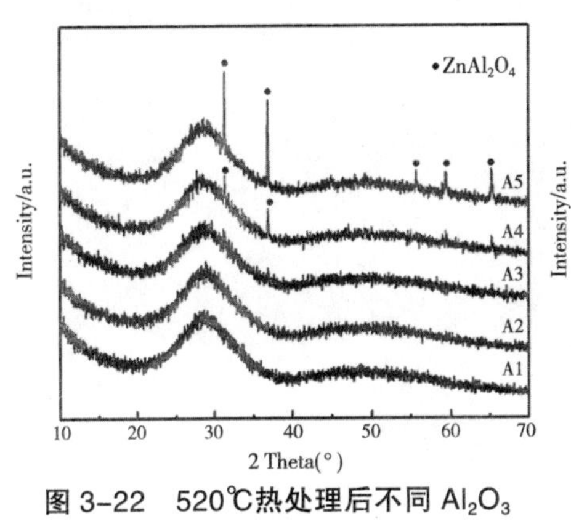

图 3-22 520℃热处理后不同 Al_2O_3 含量玻璃的 XRD 图谱

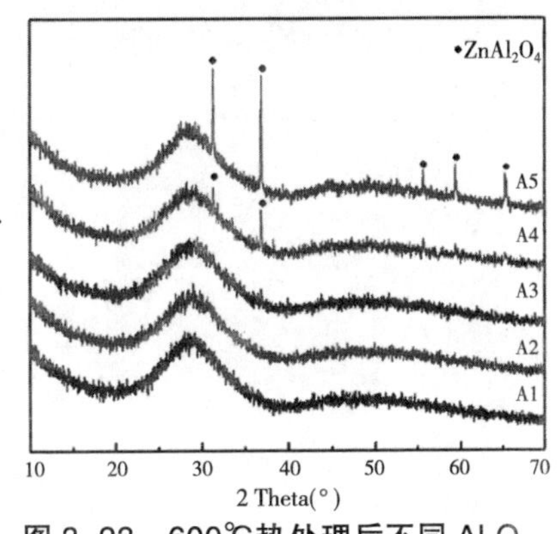

图 3-23 600℃热处理后不同 Al_2O_3 含量玻璃的 XRD 图谱

比较图 3-21、图 3-22 和图 3-23，可以知道随着烧结温度的升高，A4 和 A5 样品的衍射峰强度逐渐变强，即 A4 和 A5 样品的晶体沉积量不断增加。也就是说，随着烧结温度的升高，样品的结晶倾向和晶体沉淀量也会增加。同时，它表明当铝含量从 2 wt% 增加至 7 wt% 时，玻璃结构网络的连接程度减弱，使玻璃越来越容易结晶。

⑥ SEM 分析 Al_2O_3 含量对玻璃结构的影响

分别在 520℃和 540℃对样品进行热处理，对热处理后样品的表面进行喷金处理后在扫描电镜下观察，SEM 观察结果如图 3-24 所示。从图 3-24（a）中可以发现，当玻璃在 520 ℃下烧结时，A1 中玻璃颗粒的边缘和角部变得光滑，液相出现并相互融合。随着 Al_2O_3 含量的增加，其他几种样品越来越完全熔化。这表明，在同样的温度下，Al_2O_3 含量高的样品能产生更多的液相，使样品融合得更完全。当样品在 540 ℃烧结时，样品颗粒完全熔化，颗粒边缘消失。

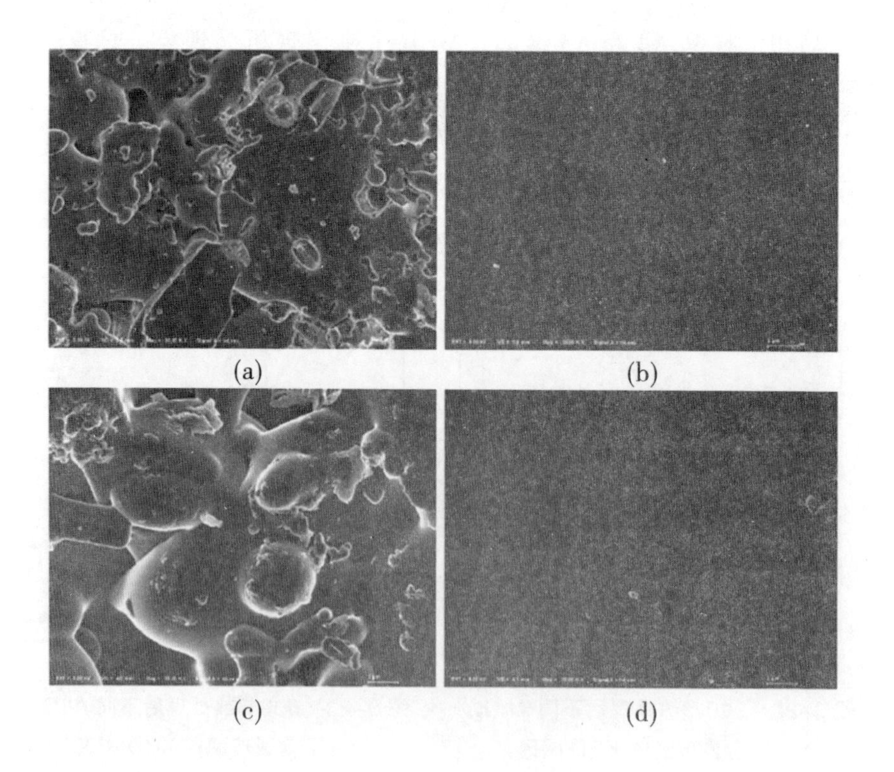

(a) (b)

(c) (d)

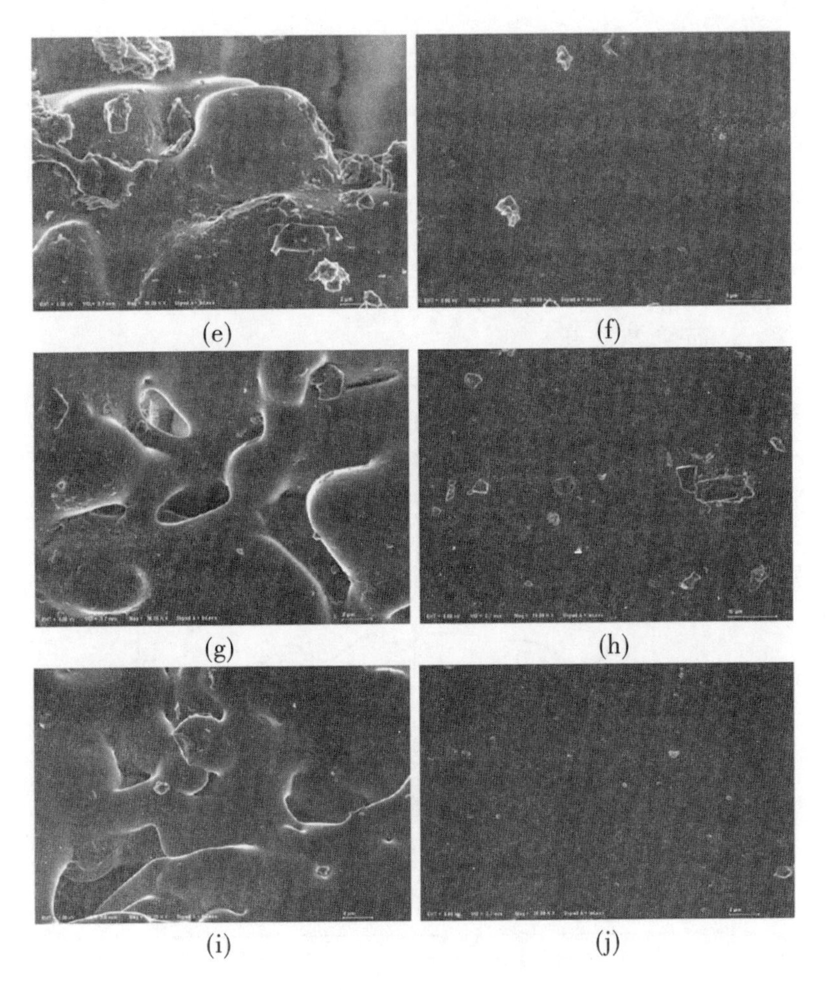

(a)A1, 520℃；(b)A1, 540℃；(c)A2, 520℃；(d)A2, 540℃；(e)A3, 520℃；(f)A3, 540℃；(g)A4, 520℃；(h)A4, 540℃；(i)A5, 520℃；(j)A5, 540℃。

图 3-24　样品的 SEM 图

⑦ 差热分析 Al_2O_3 含量对玻璃性能的影响

低熔点封接玻璃的差热曲线往往反映了玻璃样品随温度升高时的一些性质。图 3-25 为玻璃样品的 DSC 图谱，对图谱进行分析可以观察到玻璃随着温度的改变发生的吸热、放热现象，并得到玻璃转变温度等相应的特征温度点。表 3-14 列出了 A 组玻璃的特征温度点，如玻璃转变温度 T_g、析晶温度 T_{p_1} 及 T_{p_2}。

从图 3-25 中可以看出，在 A 组玻璃的 DSC 图谱中，随着温度的升高，出现玻璃从固相到液相的转变现象，对应的温度为玻璃化转变温度 T_g，A1 到 A5 玻璃化转变温度的范围为 456~462℃。从表 3-14 中数据可以看出，随着 Al_2O_3 含量的增加，T_g 不断降低。玻璃化转变温度的高低主要受玻璃网络的连接程度及玻璃结构中各个键能大小的影响，Al_2O_3 的加入使玻璃网络形成体减少，网络外体增多，弱化了玻璃的结构，从而使 T_g 降低。

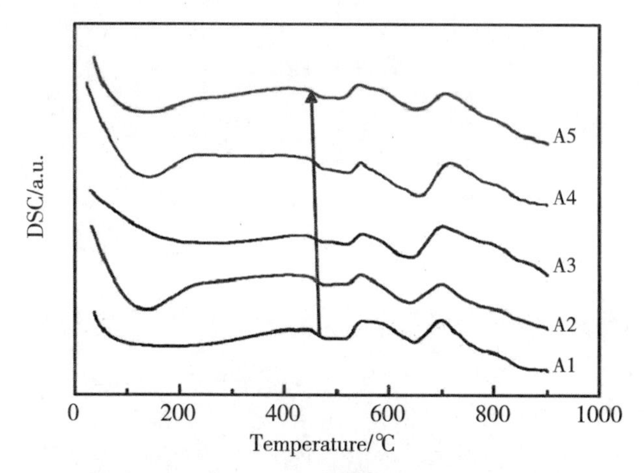

图 3-25　不同 Al_2O_3 含量玻璃的 DSC 图谱

表 3-14　玻璃特征温度值

样品号	Al_2O_3 含量 /%	T_g/℃	T_{p1}/℃	T_{p2}/℃
A1	2.00	462	550	699
A2	3.00	461	548	700
A3	4.00	459	550	702
A4	5.00	458	548	716
A5	7.00	456	544	708

从图 3-25 中还可以看出，A1~A5 在玻璃化转变之后各有两个放热峰，放热峰的峰值温度分别为 T_{p1} 和 T_{p2}。由于玻璃相较晶相来说相对不稳定，当发生玻璃相到晶相的转变时会放出热量，即玻璃样品析晶

时会形成放热峰，因此该体系玻璃样品对应的两个放热峰说明样品比较容易析出晶体。T_{p1} 在 550~544 ℃范围之间变化，随着 Al_2O_3 的增加略有降低的趋势，T_{p2} 在 699~716 ℃范围之间变化，在此温度范围内，玻璃已经产生大量的液相。

⑧ 热膨胀性能分析 Al_2O_3 含量对玻璃性能的影响

图 3-26 为 A2 的热膨胀曲线，纵坐标为样品受热长度变化与原始长度的比值即 $\Delta L/L_0$，温度的变化范围为从室温到 500℃。从图 3-26 中可以看出，当温度为 30~400 ℃时，玻璃的 $\Delta L/L_0$ 与温度呈线性相关，随着温度的进一步升高，曲线出现拐点，斜率逐渐增大，此时对应的现象为玻璃化转变。当达到最大值时，曲线的极值点对应的温度点为玻璃软化温度 T_f。特征温度、线性热膨胀系数都可以从热膨胀曲线中分析计算得到，本系列样品的具体数值如表 3-15 所示。

热膨胀系数关于 Al_2O_3 的含量而变化的曲线如图 3-27 所示。铝的四配位体积小、强度高、稳定，六配位体积大、不稳定。当 Al_2O_3 含量小于 3 wt% 时，铝离子优先与氧结合形成 $[AlO_4]$ 低配位结构，加强了网络结构，使热膨胀系数先降低。当 Al_2O_3 含量大于 3 wt% 时，随着玻璃结构中游离氧含量逐渐减少，$[AlO_6]$ 八面体的出现破坏了玻璃网络结构。另一方面，$[BO_4]$ 的减少和 $[BO_3]$ 的增加也造成网络结构疏松，使得热膨胀系数增加。当 Al_2O_3 含量为 7 wt% 时，玻璃的析晶趋向越来越大，使得玻璃结构加强，同时，由 XRD 分析可知，A5 样品析出 $ZnAl_2O_4$ 晶体，其热膨胀系数相对于基础玻璃较低，从而使得样品的热膨胀系数急剧减小。

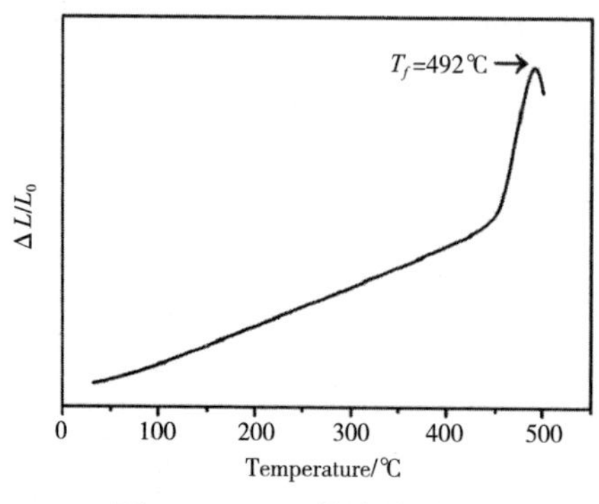

图 3-26 A2 热膨胀曲线

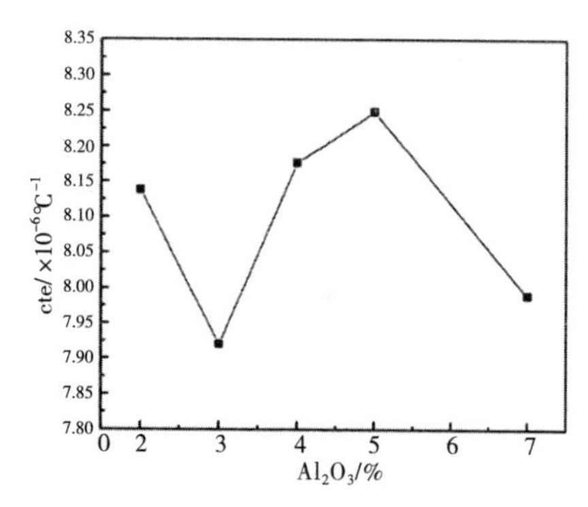

图 3-27 玻璃热膨胀系数的变化曲线

表 3-15 玻璃特征温度值和热膨胀系数

样品号	T_g /℃	T_f /℃	CTE/$\times 10^{-6}$ K^{-1}
A1	462	493	8.13
A2	461	492	7.92
A3	459	488	8.18
A4	458	487	8.25
A5	456	487	7.99

⑨ 高温显微镜分析 Al_2O_3 含量对玻璃性能的影响

将压制好的圆柱体试样轻轻放置在 Al_2O_3 陶瓷基板上，一起置于 HM 867 型高温显微镜样品架上，使样品尽量靠近热电偶，并保证样品在可观察区域的中央。输入升温程序控制炉体内壁温度，仪器输出的样品温度则为热电偶测得的样品的实际温度。设定的温度制度为以 40℃ /min 的速率升温到 300℃，再以 5℃ /min 的速率升温至熔化温度附近，升温过程中热电偶的温度变化及样品轮廓图像被记录下来。图 3-28 至图 3-32 分别为以 5℃ /min 升温时 A1~A5 试样在各温度点的轮廓图，可观察样品与 Al_2O_3 陶瓷基板的受热润湿情况。

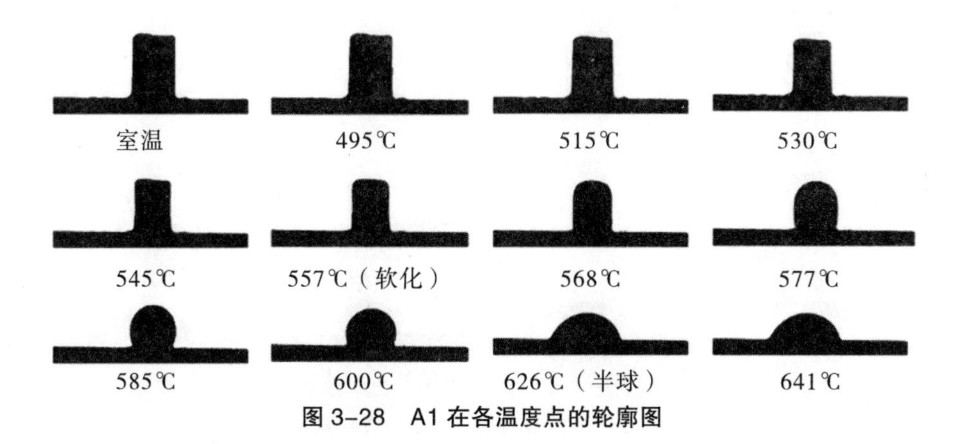

图 3-28 A1 在各温度点的轮廓图

观察图 3-28 中的 A1 试样，结合图 3-33（a）中 A1 受热过程中的体积变化数据，可以看出，试样随着温度的升高大致经历了膨胀、收缩、软化膨胀、坍塌等过程。当温度为室温到 495 ℃时，样品体积稍有增加；当温度为 495～557 ℃时，样品体积急剧收缩；温度达到 557 ℃时，圆柱试样的棱角开始变圆滑，此时烧结收缩率达到最大值，这个温度称为样品的软化温度，又叫作棱角钝化温度；当温度为 557～585 ℃时，圆柱试样边缘变得更加圆滑，形状逐渐变为球体；当温度为 585～626℃时，由于玻璃中大量液相的出现，黏度降低，球状样品逐渐坍塌成半球状，半球状试样对应的玻璃与陶瓷基板的润湿角为 90°；当温度大于 626℃时，样品在重力及表面张力的作用下流散，在陶瓷基板上铺展开来，润湿角逐渐减小，直径变大。A2~A5 随温度的变化与 A1 试样基本一致。

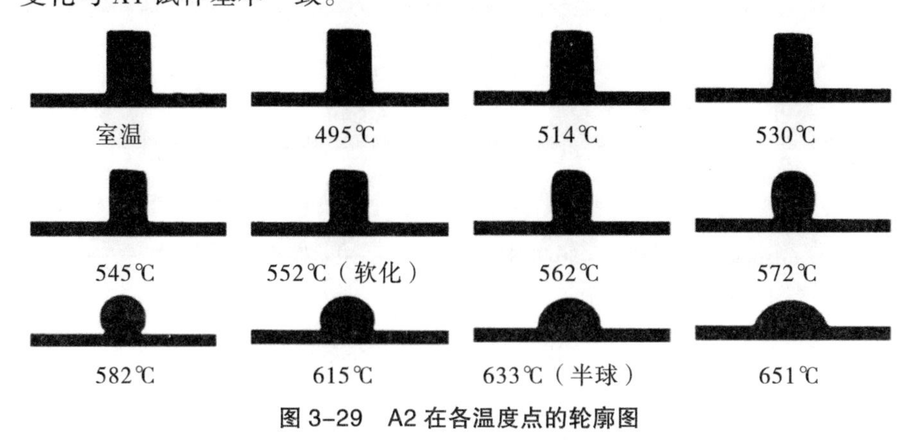

图 3-29 A2 在各温度点的轮廓图

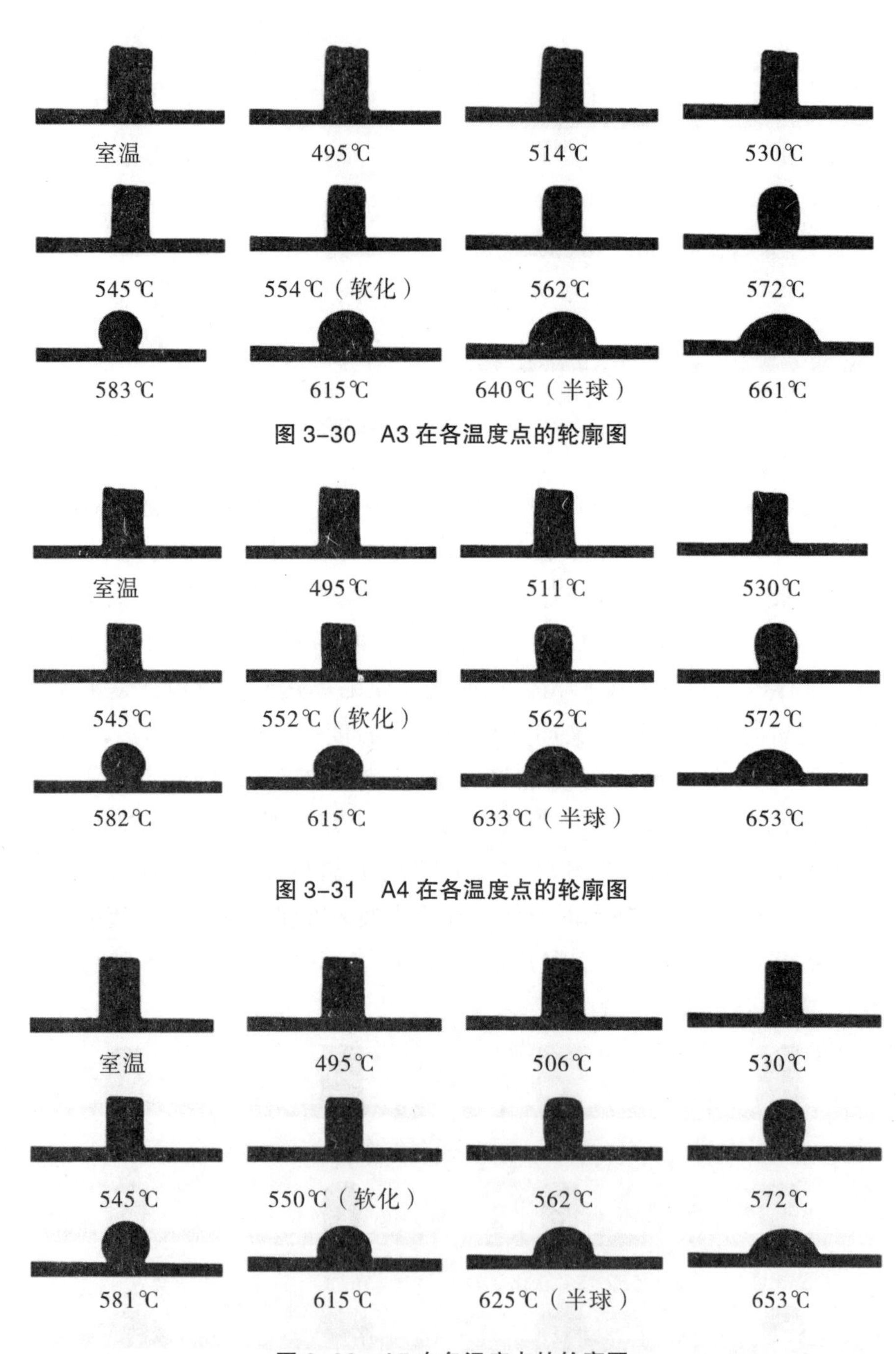

图 3-30　A3 在各温度点的轮廓图

图 3-31　A4 在各温度点的轮廓图

图 3-32　A5 在各温度点的轮廓图

烧结过程中 A1~A5 样品的体积变化（A/A_0）与温度之间的关系及对应的 DSC 图谱如图 3-33 所示。

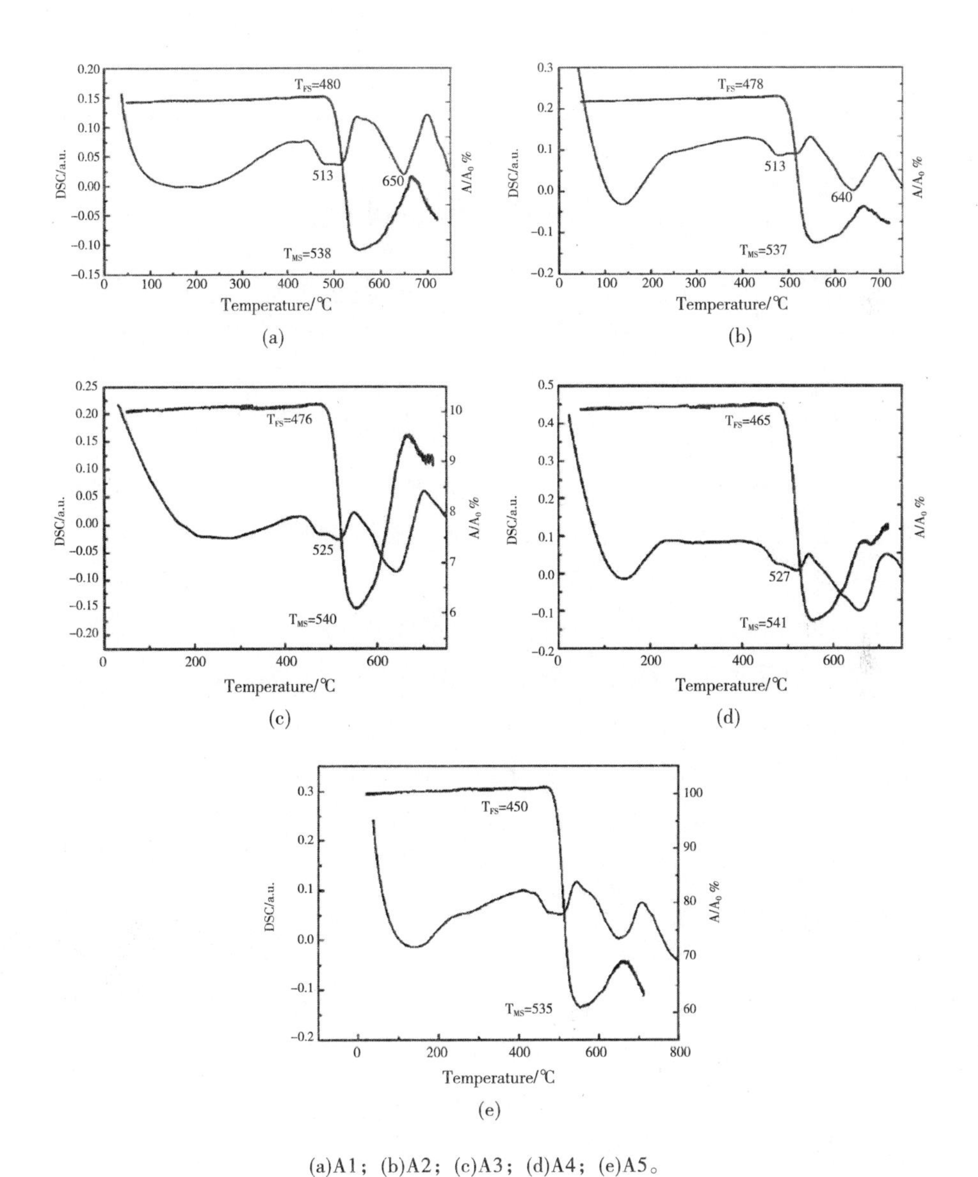

(a)A1；(b)A2；(c)A3；(d)A4；(e)A5。

图 3-33 样品 DSC 图谱与体积变化对应图

当温度在玻璃软化温度与半球温度之间时，样品中液相逐渐增多，此时能保持试样圆柱—半球的形状，使得玻璃封接材料与基板润湿性良好且保证封接的气密性，这一温度范围也被认为是封接玻璃适宜的烧结温度范围。表 3-16 为 A1~A5 的棱角钝化温度与半球温度值，对应的范围为适宜的烧结温度。A 系列玻璃的烧结适用温度范围为 550~640 ℃。

表 3-16　A1~A5 玻璃适宜的烧结温度

样品号	A1	A2	A3	A4	A5
棱角钝化温度 /℃	557	552	554	552	550
半球温度 /℃	626	633	640	633	625

观察图 3-33 中 5 个样品烧结过程中的体积变化及对应的 DSC 图谱，在收缩率达到最大值后又出现膨胀软化现象，主要是由于玻璃内部封闭气孔受热膨胀引起的。T_{FS}（first shrinkage temperature）为开始收缩时的温度，T_{MS}（temperature of maximum shrinkage）是烧结收缩率达到最大值即样品最致密时的温度，T_x（onset of crystallization temperature）为 DSC 图谱中放热峰的初始温度。A1 到 A5 样品的 T_x 都小于 T_{MS}，说明样品在达到最致密的状态之前出现析晶倾向，抑制了玻璃的烧结，晶体的析出使得玻璃黏度增大而影响了封接过程中的致密性。

⑩ 耐酸性分析 Al_2O_3 含量对玻璃性能的影响

除了氢氟酸外，盐酸、硫酸等酸性溶液一般不会直接与玻璃反应，而是通过溶液中的水分子对玻璃产生侵蚀，玻璃的耐酸性反映了玻璃在酸性溶液中的化学稳定性。玻璃的耐酸性受玻璃结构、表面状态、侵蚀时间、侵蚀温度、酸浓度等多种因素的影响，各个地区对玻璃耐酸性的测试标准也不尽相同，本试验采用在 10% 的盐酸中侵蚀 0.5h 的质量损失率来表征玻璃的耐酸性。

表 3-17 为 540 ℃热处理后的 5 个玻璃样品在 10% 的盐酸溶液中浸泡 0.5 h 后的质量损失率（Δg），g_1、g_2 分别为侵蚀前后样品的质

量。侵蚀过程中玻璃表面与酸溶液反应，有白色物质生成并附着于表面。从表中数据可以看出，随着 Al_2O_3 含量的升高，玻璃的失重由 5.57% 增加至 10.51%，再减小至 6.49%，即耐酸侵蚀性能先减小后增加。当 Al_2O_3 含量为 4% 时，样品的耐酸性最差。酸性溶液对玻璃的侵蚀，主要是由 H^+ 或 H_3O^+ 与玻璃中的碱离子或带正电荷的可移动离子进行交换，离子析出后溶解进入溶液中，一部分未与 $[SiO_4]$ 形成致密结构的 Al、B、Zn 等元素也会从网络结构中脱出进入溶液中。

表 3-17　不同 Al_2O_3 含量玻璃样品质量损失

样品号	A1	A2	A3	A4	A5
g_1/g	3.83	3.74	3.78	3.89	3.77
g_2/g	3.61	3.49	3.38	3.58	3.53
Δg/%	5.57	6.56	10.51	7.75	6.49

Al_2O_3 的加入导致网络结构受到破坏，因此随着 Al_2O_3 含量的增加，酸腐蚀的失重逐渐增加。但是由于结晶型封接玻璃 A4、A5 中含有一定量的 $ZnAl_2O_4$ 晶体，从而减少了 Zn、Al 元素的损失，提高了玻璃的耐酸性。并且，随着结晶含量的增加，耐酸性逐渐提高，但由于 Zn 不会全部结合为晶体，当 Al_2O_3 含量为 7 wt% 时，玻璃仍有较差的耐酸性。

对在盐酸溶液中侵蚀 0.5h 后的样品表面进行处理后，利用扫描电镜进行观测。图 3-34 分别为 A1~A5 样品侵蚀前后的 SEM 图。

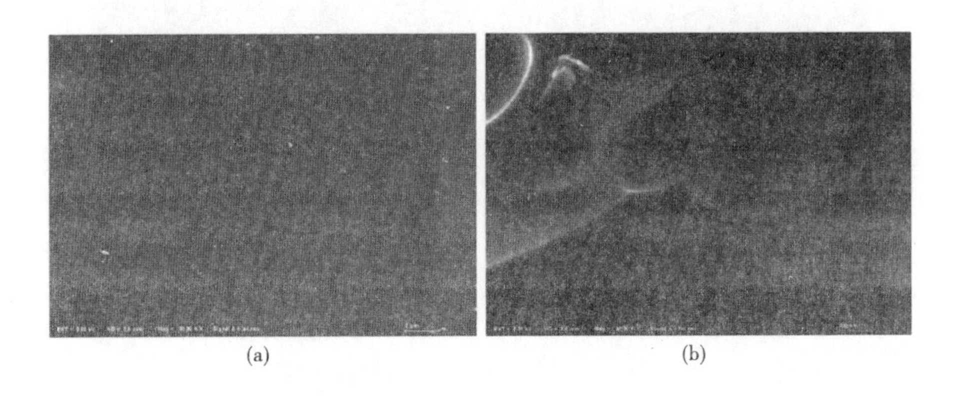

(a)　　(b)

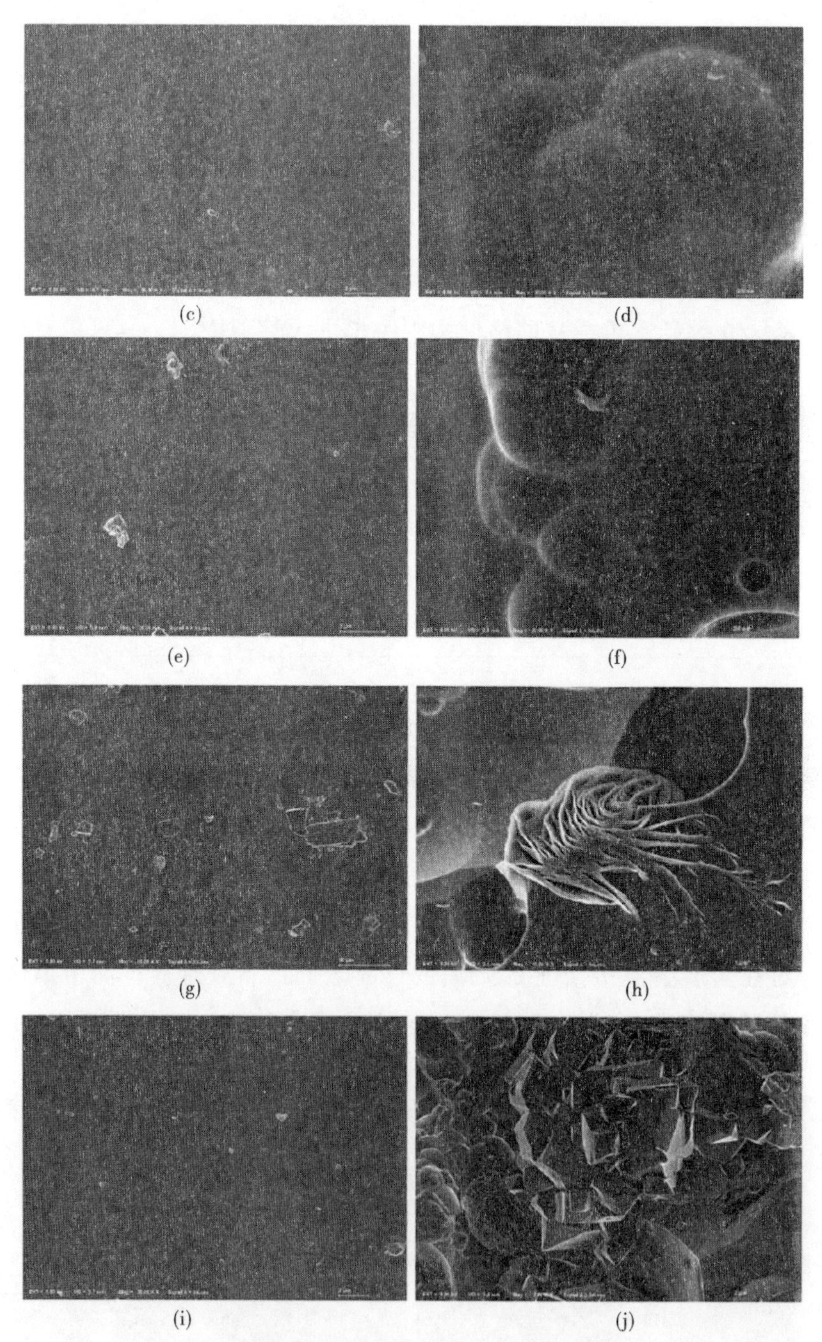

(a)A1 酸侵蚀前；(b)A1 酸侵蚀后；(c)A2 酸侵蚀前；(d)A2 酸侵蚀后；(e)A3 酸侵蚀前；(f)A3 酸侵蚀后；(g)A4 酸侵蚀前；(h)A4 酸侵蚀后；(i)A5 酸侵蚀前；(j)A5 酸侵蚀后。

图 3-34　盐酸侵蚀前后 A1~A5 的 SEM 图

观察样品侵蚀后的表面形貌图可以看出，样品表面都被侵蚀出密集的圆坑，A3 样品出现少量白色交叉状晶体。A4 出现聚集为花瓣状的物质，经查阅文献可知为含铋层状物质。A5 出现大量的立方晶体，通过分析能谱仪（EDS）结果，该立方形晶体为 $ZnAl_2O_4$，与 XRD 结果一致。

⑪ 玻璃的烧结分析

在低熔点封接玻璃的生产使用过程中，主要以粉末形式进行与基板材料的封接，因而玻璃粉末的烧结、流散等性能对其封接质量有直接的影响。根据以上的结构与性能分析，可以发现玻璃的烧结机制。圆柱玻璃试样的粉末粒子较小，颗粒之间存在着较大的间隙，系统比表面积及系统表面能量较高。随着烧结温度的升高，粒子受到能量激发，为了降低系统的表面能，最好的方法是消除固相颗粒与空气的接触面，即收缩粒子之间的孔洞，孔隙的收缩使得玻璃样品越来越致密，宏观表现为试样体积的收缩。根据 SEM 图谱可知，此时玻璃粉末中的颗粒已经具备足够的能量去克服粒子迁移活化能，液相出现，粒子逐渐变圆滑并相互靠拢融合，聚集为一个整体。在这一阶段由于粒子的相互融合，颗粒之间的孔隙由开放变为封闭，其中的气体难以排放出去，试样的收缩开始滞缓。

当烧结收缩率达到最大值时，此时样品中已经出现较多液相，观察对应的 SEM 微观结构图，样品中的颗粒已经几乎融合成一个整体，高温显微镜结果显示，此时宏观表现为玻璃样品边缘变圆滑。这个过程中晶体的析出同样会对玻璃相的流动起到阻碍作用，影响烧结的致密性，进一步使得试样收缩滞缓。

随着温度的进一步升高，试样内部的液相大量增加，黏度迅速减小，样品在表面张力的作用下进一步形变、流散，烧结温度的升高会引起样品内部闭合气孔的气体膨胀，从而引起样品体积的轻微膨胀，并伴随着坍塌及径向方向的伸长。

综上所述，随着烧结温度的升高，该系列试样的变化基本可以分为五个阶段。第一个阶段的温度区间为室温至 495℃，试样体积随着温度升高出现微小膨胀。第二个阶段的温度区间为 495～557 ℃，试样体积收缩，进行着烧结致密化过程。第三个阶段的温度区间为557～585℃，在这一阶段，试样的表面轮廓逐渐开始变圆滑。第四个阶段的温度区间为585～626 ℃，试样的整体更加圆滑，同时伴随着径向方向的伸长以及体积上的膨胀。最后一个阶段是626℃以后，在此阶段试样的润湿角逐渐变小，在陶瓷基板上铺展、摊平开来。

通过改变 Bi_2O_3-ZnO-B_2O_3-SiO_2-Al_2O_3 系玻璃中 Al_2O_3 的含量，研究了一系列组分不同玻璃样品的微观结构、热学性能及热处理后性能，所得结论如下。

a. 在 Bi_2O_3-ZnO-B_2O_3-SiO_2-Al_2O_3 系玻璃中，当 Al_2O_3 含量小于3 wt% 时，由于 Al^{3+} 具有更大的核电荷数而优先与自由氧结合形成 [AlO_4] 四面体，进入网络结构中，增强网络结构，使热膨胀系数减小，剩下的游离氧只能与部分 B^{3+} 结合成 [BO_4] 四面体进入玻璃网络结构，未与游离氧结合的 B^{3+} 则以 [BO_3] 三角体形式成为网络外体；当 Al_2O_3 含量大于 3 wt% 时，作为网络外体的 [AlO_6] 含量大幅增加，又使得玻璃网络结构疏松，热膨胀系数增大；当 Al_2O_3 含量为 7 wt% 时，样品析出 $ZnAl_2O_4$ 晶体，使得玻璃热膨胀系数降低。

b. 随着 Al_2O_3 含量由 2wt% 增加至 7wt%，铝氧多面体由四配位 [AlO_4]、五配位 [AlO_5] 为主转变为以六配位 [AlO_6]、四配位 [AlO_4] 为主。[AlO_6] 的大幅增加使得玻璃网络结构破坏严重。

c. 玻璃的特征温度 T_g 和 T_f 都随着 Al_2O_3 含量的增加而减小。

综上所述，当 Al_2O_3 含量为 3wt% 时该系列玻璃具有较低的玻璃软化温度、较低的热膨胀系数及较好的热稳定性。

（3）BaO 含量对 Bi_2O_3-ZnO-B_2O_3-SiO_2-Al_2O_3-BaO 系低熔点封接玻璃结构与性能的影响。

① 玻璃组成

通过提高玻璃体系中 BaO 的百分含量，同时降低 Bi_2O_3 的含量，即提高 Ba/Bi 比得到 C 组玻璃，C 组玻璃样品设计组成如表 3-18 所示。

表 3-18　C 组玻璃样品设计组成　　单位：wt%

样品号	Bi_2O_3	ZnO	B_2O_3	SiO_2	Al_2O_3	BaO
C1	70.00	12.00	10.00	5.00	3.00	0
C2	67.00	12.00	10.00	5.00	3.00	3.00
C3	64.00	12.00	10.00	5.00	3.00	6.00
C4	61.00	12.00	10.00	5.00	3.00	9.00
C5	58.00	12.00	10.00	5.00	3.00	12.00

② 红外光谱分析 BaO 含量对玻璃结构的影响

C1 到 C5 样品的 BaO 含量为 0~12 wt%，不同 BaO 含量的 C 组玻璃红外振动光谱如图 3-35 所示。红外特征吸收峰与不含 BaO 的封接玻璃峰形基本一致，分别位于 1640 cm^{-1}、(1230~1320)cm^{-1}、(850~1100)cm^{-1}、700 cm^{-1}、477 cm^{-1} 波数处，各吸收峰对应的振动类型如表 3-19 所示。

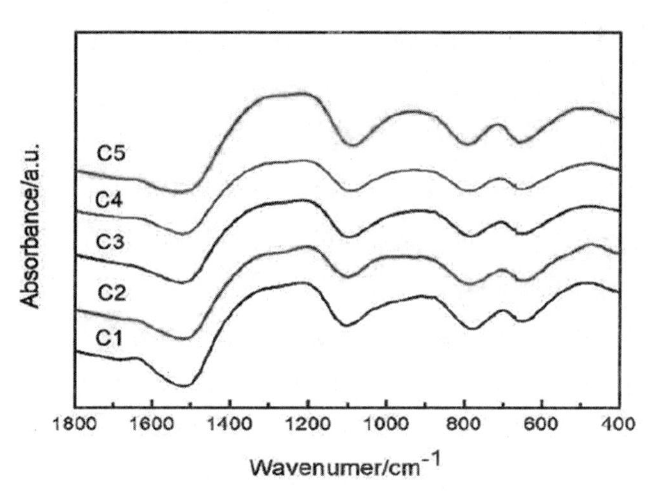

图 3-35　不同 BaO 含量玻璃的红外吸收光谱图

表 3-19 Bi_2O_3-ZnO-B_2O_3-SiO_2-Al_2O_3-BaO 系

玻璃红外吸收谱带及对应的振动类型

波数 /cm^{-1}	振动类型
477	[BiO_6] 中 Bi-O 键的弯曲振动
700	[BO_3] 三角体中 B-O-B 键的弯曲振动
900	[BiO_3] 三角体的反对称伸缩振动
1020	[BO_4] 中 B-O-B 键的振动
1230~1320	[BiO_3] 三角体中 Bi-O 键与和 [BO_4] 中 B-O-B 键振动的叠加
1640	[BO_3] 中 B-O 键的反对称伸缩振动

图 3-35 中 C1 到 C5 在 1640 cm^{-1} 处有一个微弱的红外吸收峰，是 [BO_3] 中 B-O 键的反对称伸缩振动引起的，且峰强从 C1 到 C5 先减小后增加。（1230~1320）cm^{-1} 处较宽且强度较大的振动峰是 1320 cm^{-1} 与 1230 cm^{-1} 处两个特征峰的共同作用形成的，1320 cm^{-1} 附近的峰归属于 [BO_4] 中 B-O-B 键的振动。1230 cm^{-1} 处的吸收峰是 [BiO_3] 三角体中 Bi-O 键的伸缩振动引起的。

（850~1100）cm^{-1} 处的宽峰是由于 1020 cm^{-1} 及 900 cm^{-1} 处两个峰的叠加作用。1020 cm^{-1} 处的峰对应于 [BO_4] 中 B-O-B 键的振动，吸收峰的强度随着 BaO 含量的增加而减小，900 cm^{-1} 处的峰归属于 [BiO_3] 中 Bi-O 键的反对称伸缩振动。

[AlO_4] 与 [BO_3] 的吸收谱带位于 700 cm^{-1} 处相同的位置，因此 700 cm^{-1} 处的特征吸收峰有可能归属于 [BO_3] 与 [$A1O_4$] 四面体基团的组合。峰强从 C1 到 C5 没有明显变化，但吸收峰的位置随着 BaO 的增加逐渐向高波数偏移。477 cm^{-1} 处的吸收谱带被认为是 [BiO_6] 中 Bi-O 键弯曲振动引起的，C1 到 C5 峰的位置及强度都没有明显变化。

在红外光谱图中，[BO_3] 及 [BO_4] 对应的特征谱带强度及位置有轻微的改变，C1 到 C5 很可能出现了 [BO_3] 与 [BO_4] 之间的转变，还需进一步进行结构测试对实验结果进行验证。

③ 拉曼光谱分析 BaO 含量对玻璃结构的影响

C1 到 C5 的拉曼光谱图与 A、B 两组样品类似，如图 3-36 所示。表 3-20 为谱带对应基团的振动类型。

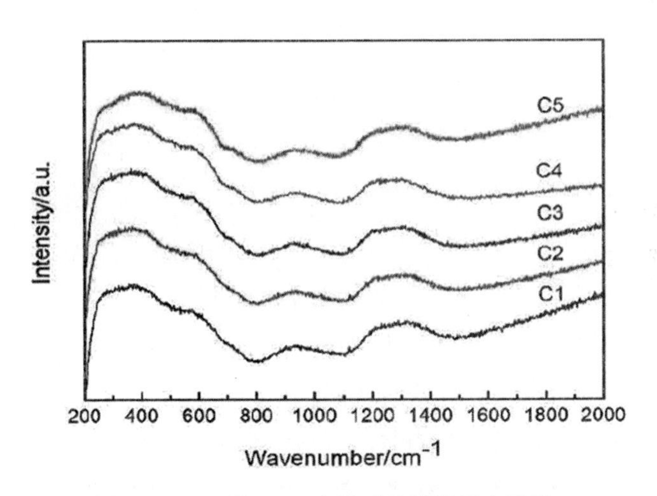

图 3-36　不同 BaO 含量玻璃的拉曼光谱图

表 3-20　Bi_2O_3-ZnO-B_2O_3-SiO_2-Al_2O_3-BaO 系玻璃拉曼吸收谱带及对应的振动类型

波数 /cm^{-1}	振动类型
350	[BiO_6] 中 Bi-O-Bi 键的振动
500	[BiO_6] 三角体中 Bi-O 键的伸缩振动
620	[BO_3] 中 B-O-B 键的弯曲振动
940	[BiO_3] 中 Bi-O 键的伸缩振动
1200~1320	[BO_3] 和 [BO_4] 中 Bi-O 键的振动

④ 核磁共振波谱分析 BaO 含量对玻璃结构的影响

C 组玻璃的核磁共振 27Al 图谱如图 3-37 所示，利用 Peakfit 软件对其进行分峰处理。从图中可以看出，在不含 BaO 的 C1 玻璃样品中，Al 元素分别在 8.1ppm、37.5ppm 和 56.8ppm 处存在 3 个特征信号峰，这 3 个化学位移对应的铝氧多面体的结构单元分别为 [AlO_6]、[AlO_5] 和 [AlO_4]。C2 在 8.1ppm 处的特征信号峰强度有所增加，C3、C4、C5 样品在 8.1ppm 处的信号峰则逐渐消失，56.8ppm 处 $[AlO_4]$ 的信号峰变得更加尖锐，分峰结果表明随着 BaO 含量的增加，玻璃结构中的 $[AlO_6]$ 逐渐向 $[AlO_4]$ 转变，铝的配位状态由 $[AlO_6]$、$[AlO_5]$、$[AlO_4]$ 共存转变为以 $[AlO_4]$ 四面体为主。

铝的配位状态与系统中游离氧的含量有一定的联系，当系统中游离氧的含量较为充足时，一般会按照稳定的最低配位数方式进行，即以 $[AlO_4]$ 形式存在。若系统中游离氧含量较少，场强大的阳离子就会互相争夺氧离子，导致一个氧离子通常被多个多面体共用，此时一般以配位数较高的 $[AlO_6]$ 八面体存在。铝谱结果表明 BaO 的加入提高了玻璃系统中游离氧的含量，从而使 $[AlO_4]$ 增多。

Al^{3+} 的场强比 B^{3+} 要大，因而与 O^{2-} 结合的能力也更强。在这个体系的玻璃结构中，由于初始游离氧含量的限制，一部分 Al_2O_3 优先与 O^{2-} 结合为 $[AlO_4]$，另一部分 Al_2O_3 则以 $[AlO_6]$ 的形式存在，B_2O_3 主要以 $[BO_3]$ 存在。当 BaO 增加时，系统中有了更多的游离氧，$[AlO_6]$ 逐渐向体积小更稳定的 $[AlO_4]$ 转变，硼氧三角体 $[BO_3]$ 逐渐转变为 $[BO_4]$。

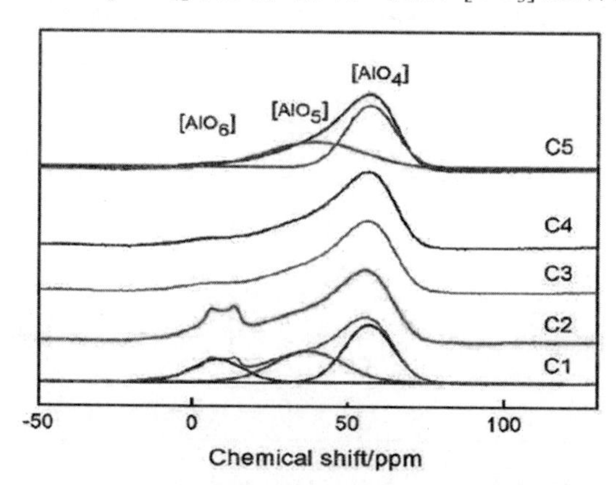

图 3-37　不同 BaO 含量玻璃的 27Al NMR 图谱

⑤ XRD 分析 BaO 含量对玻璃结构的影响

图 3-38 的（a）、（b）、（c）、（d）分别为基础玻璃粉末、560 ℃、580 ℃、600 ℃热处理 0.5 h 后的玻璃 XRD 图谱。分析衍射图谱可以发

现，基础玻璃及 560℃热处理后的玻璃样品都处于非晶态，其 XRD 衍射图谱中的宽峰均处在 $2\theta=28°$ 附近。

当热处理温度为 580 ℃时，BaO 含量分别为 9 wt% 和 12 wt% 的 C4、C5 样品有较弱的析晶峰，对比 PDF 卡片可知析出的晶相为钡长石 $BaAl_2Si_2O_8$，且 C5 的析晶峰强度更大。当热处理温度为 580℃时，BaO 含量为 6 wt%、9 wt% 和 12 wt% 的 C3、C4、C5 都析出 $BaAl_2Si_2O_8$ 晶体。经过分析，当 BaO 含量较低时，Ba^{2+} 促进硅氧离子团聚合，阻碍离子的扩散，样品无晶体析出。随着温度的升高及 BaO 含量的增加，引入的游离氧破坏了玻璃结构，使网络聚合程度降低，离子的迁移变得更加容易，从而使玻璃的析晶峰越来越明显，且强度越来越大。说明在一定范围内，温度的升高及 BaO 含量的增加可以使样品的晶化程度变高，对应晶面的生长也越有序。

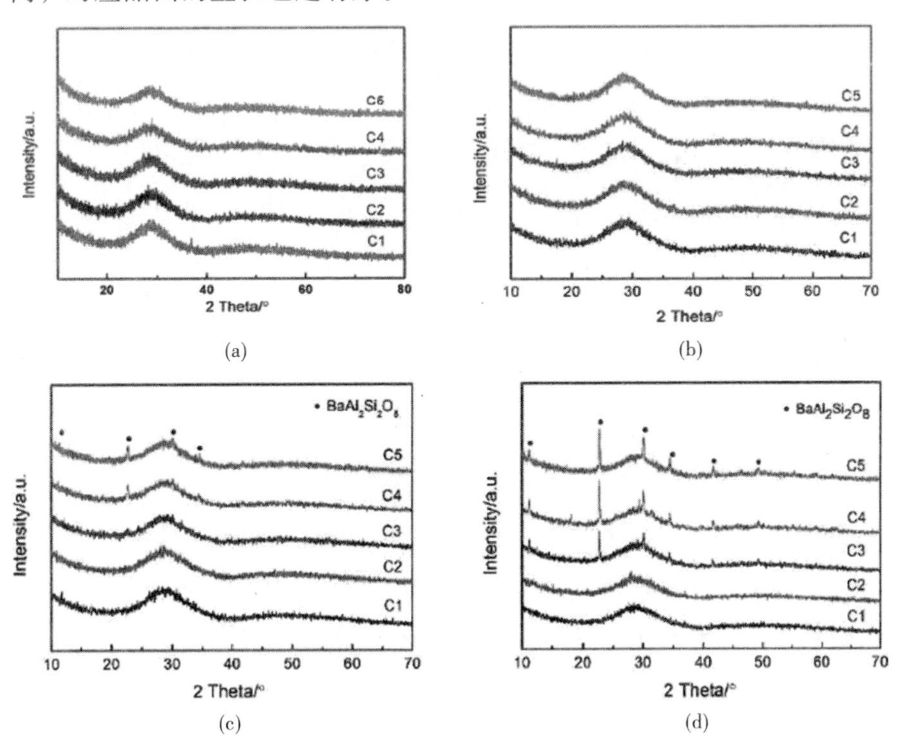

(a) 基础玻璃的 XRD 图谱；(b)560 ℃热处理后玻璃的 XRD 图谱；(c)580 ℃热处理后玻璃的 XRD 图谱；(d)600 ℃热处理后玻璃的 XRD 图谱。

图 3-38 不同热处理温度下玻璃的 XRD 图谱

⑥ 差热分析 BaO 含量对玻璃性能的影响

图 3-39 为不同 BaO 质量分数的 DSC 图谱，图中曲线自下而上依次为玻璃样品 BaO 质量分数 0~12 wt% 的 DSC 曲线。对图中 5 条曲线作图，得到 5 组玻璃样品转变温度 T_g，特征温度的具体数值列于表 3-21 中。

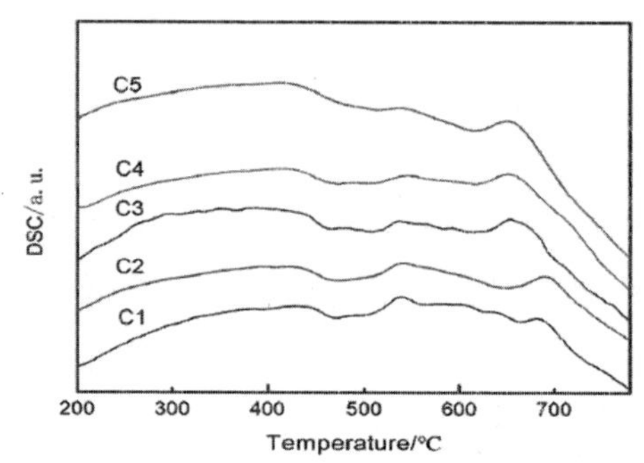

图 3-39　不同 BaO 含量玻璃的 DSC 图谱

表 3-21　玻璃特征温度值和热膨胀系数

样品号	T_g /℃	T_f /℃	CTE/ $\times 10^{-6}$℃ $^{-1}$
C1	452	467	8.99
C2	455	475	8.69
C3	449	469	8.71
C4	447	471	9.02
C5	456	472	9.50

由图 3-39 及表 3-21 可以看出，随着 BaO 质量分数的增加，样品的玻璃转变温度 T_g 逐渐减小，当 BaO 质量分数为 9 wt% 时，T_g 取得最小值 447℃，随后 T_g 增大至 456℃。玻璃转变温度与网络结构有密切的关系。当 BaO 含量小于 9 wt%，Bi_2O_3 含量大于 61 wt% 时，作为玻璃网络外体的 BaO 带来的游离氧进入结构间隙，破坏骨架网络，从而使 T_g 减小。在高 Bi_2O_3 含量的玻璃体系中，一部分 Bi_2O_3 作为玻璃网络形成体来增强网络结构，另一部分则作为网络修饰体存在，Bi_2O_3 含量的减小会使得玻璃的转变温度 T_g 增大。当 BaO 的质量分数大于 9 wt%

时，T_g 的增大主要是由于 Bi_2O_3 的含量变化引起的。

⑦ 热膨胀性分析 BaO 含量对玻璃性能的影响

图 3-40 为玻璃的热膨胀系数随 BaO 含量变化的曲线。BaO 含量为 0、3 wt%、6 wt%、9 wt%、12 wt% 的封接玻璃热膨胀系数 分别为 $8.99\times10^{-6}K^{-1}$、$8.69\times10^{-6}K^{-1}$、$8.71\times10^{-6}K^{-1}$、$9.02\times10^{-6}K^{-1}$、$9.50\times10^{-6}K^{-1}$。热膨胀系数主要反映了材料受热时质点的热运动振幅，氧化物玻璃中网络形成体的键能对玻璃的热膨胀系数起着至关重要的作用。从图中可以看出，从 C1 到 C2，随着 BaO 含量从 0 增加至 3 wt%，玻璃的热膨胀系数减小，主要是由于 BaO 的加入提供了较多的游离氧在玻璃结构中，使其中的 $[AlO_6]$ 转变为 $[AlO_4]$，增强了网络结构的连接。从 C2 到 C5，随着 BaO 含量从 3 wt% 增加至 12 wt% 及 Bi_2O_3 含量减小，Ba^{2+} 作为网络外体破坏了玻璃中的桥氧键，弱化了网络结构，从而使热膨胀系数增大。

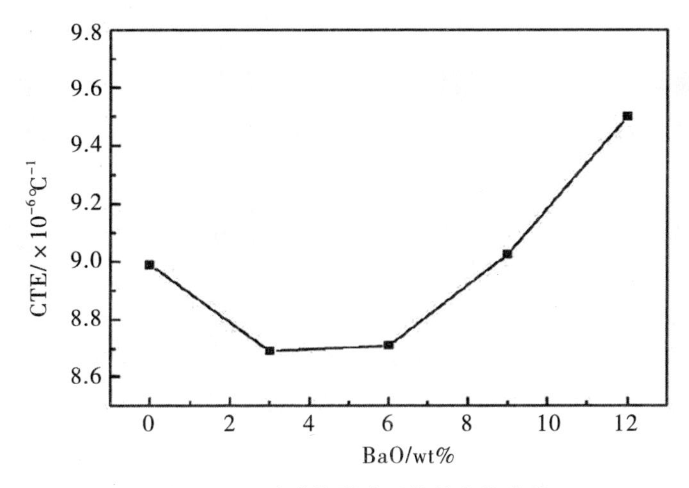

图 3-40 玻璃热膨胀系数的变化曲线

⑧ 高温显微镜分析 BaO 含量对玻璃性能的影响

与 A、B 组玻璃类似，C 组玻璃随着烧结温度的升高，试样的变化也分为五个阶段。第一个阶段试样体积随着温度升高出现微小膨胀。

第二个阶段试样体积收缩，进行着烧结致密化过程。第三个阶段试样的表面轮廓逐渐开始变圆滑。第四个阶段试样的整体更加圆滑，同时伴随着径向方向的伸长以及体积上的膨胀。最后一个阶段试样的润湿角逐渐变小，在陶瓷基板上铺展、摊平开来。图 3-41 至图 3-45 为 C1~C5 在各温度点的轮廓图。

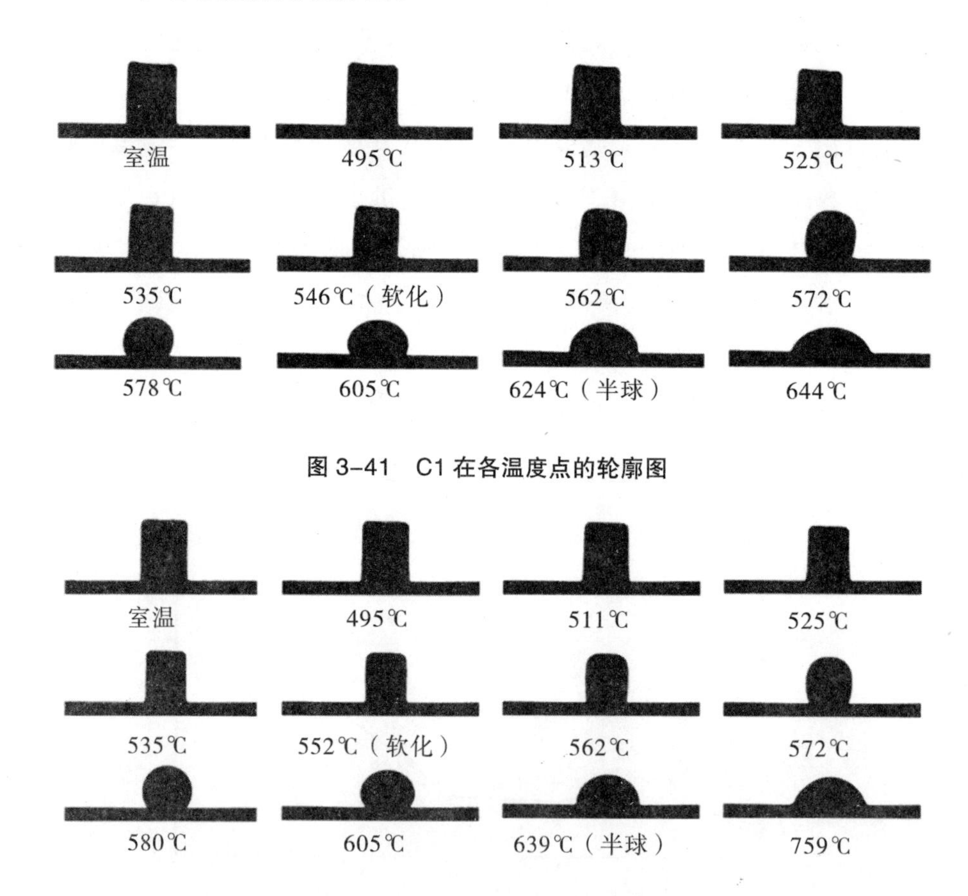

图 3-41　C1 在各温度点的轮廓图

图 3-42　C2 在各温度点的轮廓图

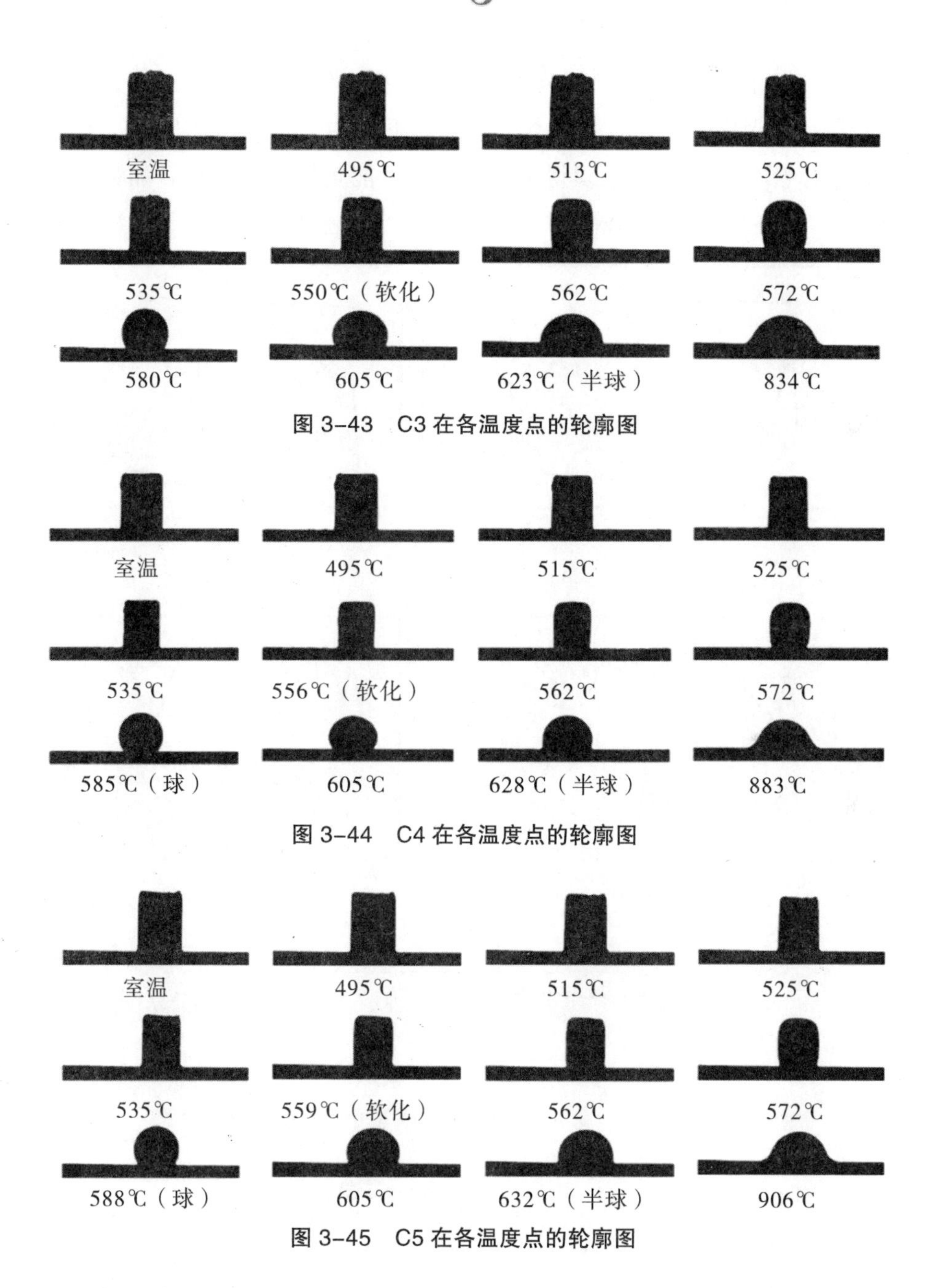

图 3–43 C3 在各温度点的轮廓图

图 3–44 C4 在各温度点的轮廓图

图 3–45 C5 在各温度点的轮廓图

样品在 600℃之前与其他样品的烧结行为类似，但在 600℃之后从 C1 到 C5 逐渐表现出更加难熔的特性。烧结过程中 C1~C5 样品的体积变化（A/A_0） 与温度之间的关系及对应的 DSC 图谱如图 3–46 所示。

与A组样品不同的是，C组样品在535℃附近收缩率达到最大值之后，并没有立即膨胀，而是经历了一个体积不变的平台期，随后又出现轻微膨胀现象，C4、C5表现得更加明显，可能是样品中钡长石晶相的析出抑制了烧结过程中的液相流动。

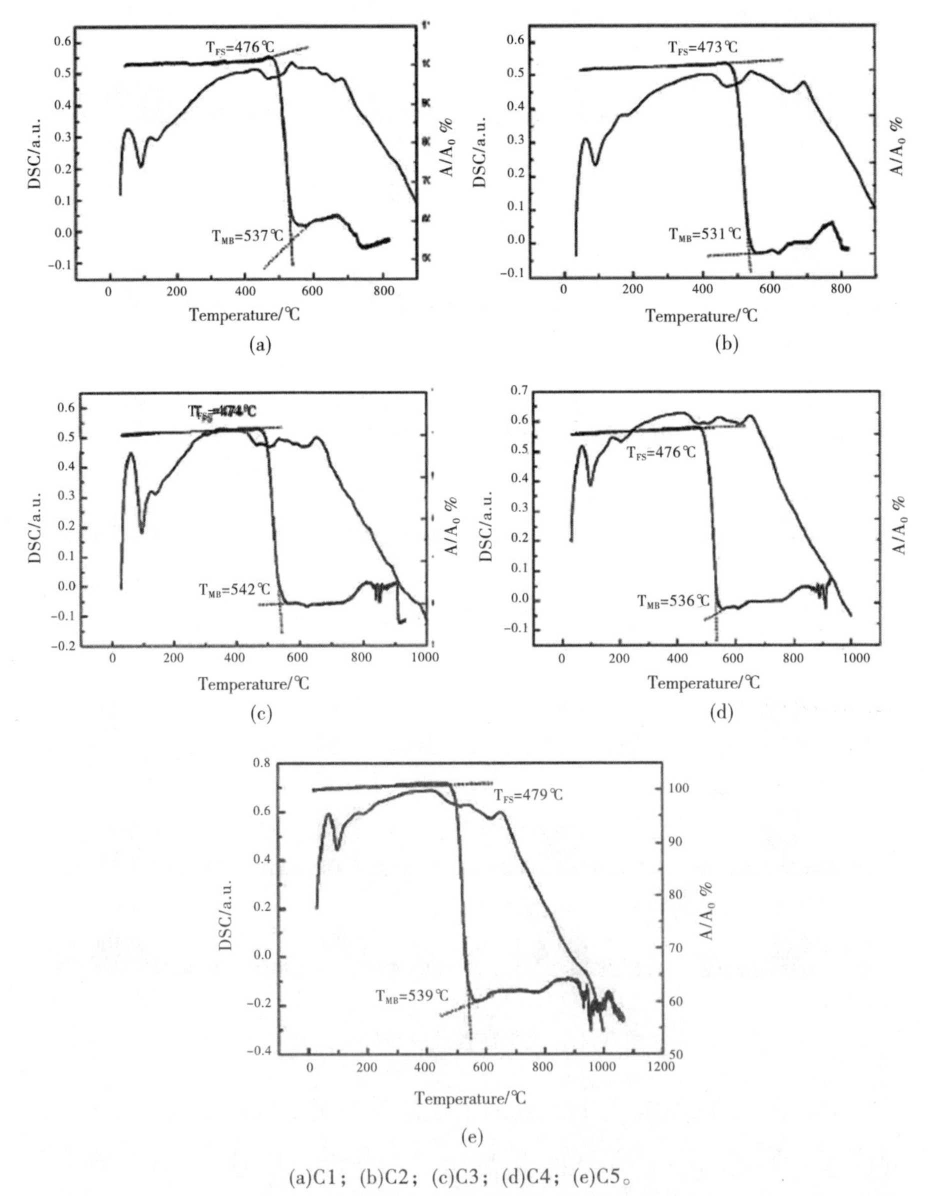

(a)C1；(b)C2；(c)C3；(d)C4；(e)C5。

图3-46　样品DSC与体积变化对应图

表 3-22 为 C1~C5 样品适宜的烧结温度。该系列玻璃的烧结适用温度范围为 546~639℃。

表 3-22 C1~C5 玻璃适宜的烧结温度

样品号	C1	C2	C3	C4	C5
棱角钝化温度 /℃	546	552	550	556	559
半球温度 /℃	624	639	623	628	632

⑨ 耐酸性分析 BaO 含量对玻璃性能的影响

样品在质量分数为 10% 的盐酸溶液中被侵蚀过程中，玻璃表面与酸溶液反应，外形无明显变化，但玻璃表面形成细密的、较小的侵蚀坑，由光滑变得粗糙，生成白色絮状物。

图 3-47 显示了 C3 酸侵蚀前后的表面状态。表 3-23 为 5 个玻璃样品酸侵蚀浸泡 0.5h 后的质量损失率（Δg）。从表中数据可以看出，随着 BaO 含量的升高，玻璃的质量损失率逐渐增大，耐酸性减小，这是由于 BaO 作为网络外体加入破坏了玻璃的网络结构，使玻璃化学稳定性降低；C4 到 C5 玻璃的耐酸性略有增强，是因为 C5 中 $BaAl_2Si_2O_8$ 晶体的析出能在一定程度上减轻盐酸对玻璃的侵蚀。

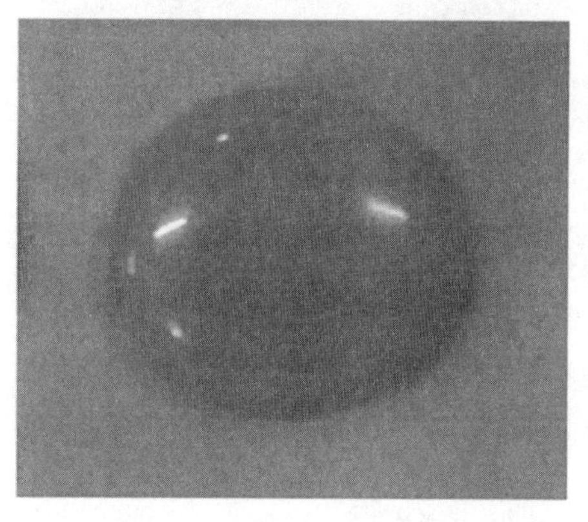

(a)

(b)

(a)C3 酸侵蚀前；(b)C3 酸侵蚀 0.5h 后。

图 3-47 C3 酸侵蚀前后表面状态

表 3-23　不同 BaO 含量玻璃样品质量损失

样品号	C1	C2	C3	C4	C5
g_1/g	4.67	4.69	4.60	4.67	4.58
g_2/g	4.34	4.35	4.23	4.15	4.10
Δg/%	7.07	7.23	8.00	10.95	10.45

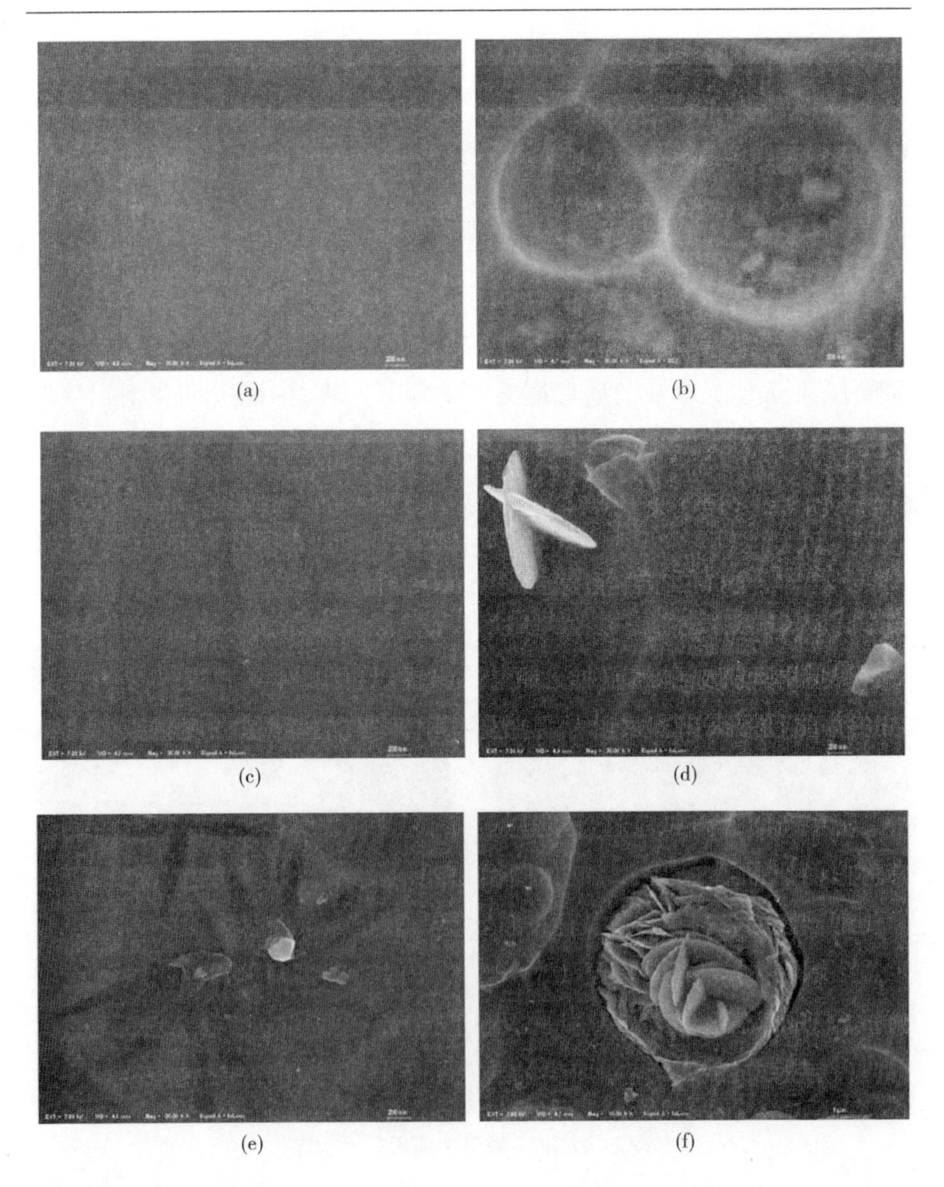

(a) (b) (c) (d) (e) (f)

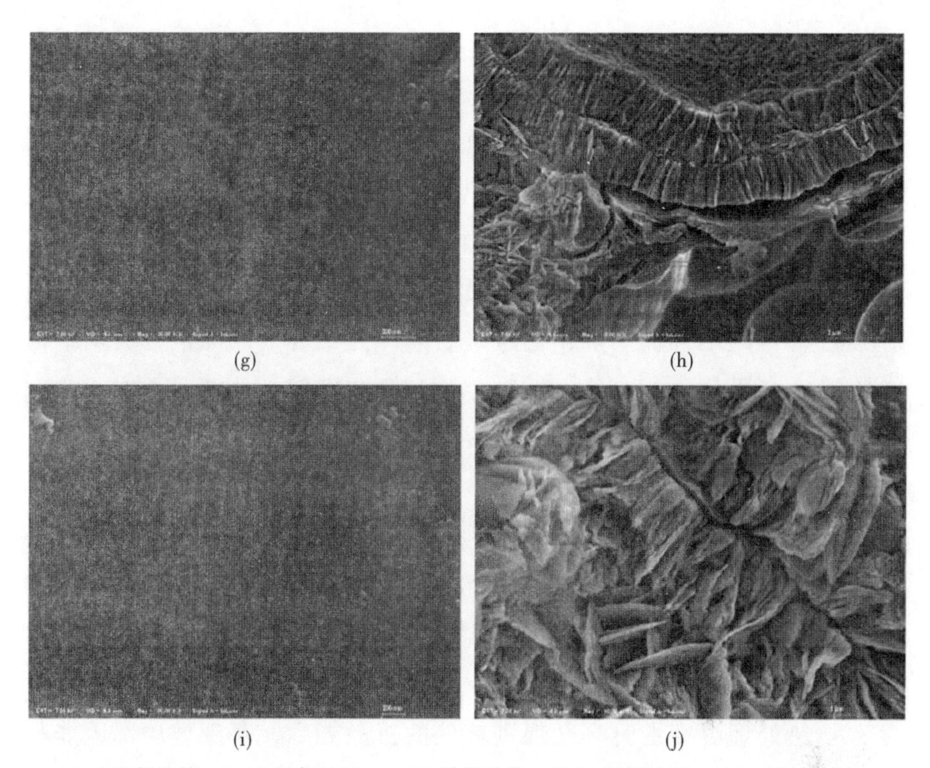

(g)　(h)

(i)　(j)

(a)C1 酸侵蚀前；(b)C1 酸侵蚀后；(c)C2 酸侵蚀前；(d)C2 酸侵蚀后；(e)C3 酸侵蚀前；(f)C3 酸侵蚀后；(g)C4 酸侵蚀前；(h)C4 酸侵蚀后；(i)C5 酸侵蚀前；(j)C5 酸侵蚀后。

图 3-48　样品酸侵蚀前后 SEM 图

从图 3-48 中可以看出，盐酸侵蚀前晶相被玻璃相包裹，扫描电镜观察到的是熔融的玻璃相，侵蚀后晶相暴露出来，且随着 BaO 含量的增多，晶相从无到有，逐渐增多。

如图 3-48（b）所示，C1 被盐酸侵蚀后玻璃表面产生密集的凹坑，生成白色物质，结合 EDS 能谱图可知，附着在样品上的白色物质主要由 Si、O 两种元素组成，是侵蚀过程中玻璃的 Si-O 键与水分子反应形成的二氧化硅凝胶。如图 3-48（d）至图 3-48（j）所示，盐酸侵蚀后的 C2 样品中出现少量方向交叉的片状晶体；随着 BaO 含量的增加，C3 样品中依旧出现与 A 系列样品类似的花瓣形的含铋层状物质；C4、C5 晶相含量继续增加，晶体尺寸逐渐增大。EDS 能谱图与 XRD 结果一致，生成的晶体为 $BaAl_2Si_2O_8$。BaO 含量的增加对玻璃的析晶能力及晶相的析出量都有一定的促进作用。

通过改变 Bi_2O_3-ZnO-B_2O_3-SiO_2-Al_2O_3-BaO 系玻璃中 BaO 的含量，得到一系列组分不同的玻璃样品，并对其微观结构、热学性能及热处理后性能进行了探究，所得结论如下。

a. 在 Bi_2O_3-ZnO-B_2O_3-SiO_2-Al_2O_3-BaO 系玻璃中，游离氧含量随着 BaO 含量的增加而增加，铝氧多面体优先结合成四配位，玻璃结构中的铝氧多面体由 [AlO_6]、[AlO_5]、[AlO_4] 共存转变为以四配位 [AlO_4] 为主。

b. 当 BaO 含量小于 3 wt% 时，BaO 的加入提供了较多的游离氧，[AlO_6] 转变为 [AlO_4]，[BO_3] 转变为 [BO_4]，增强了网络结构，热膨胀系数减小；当 BaO 含量大于 3 wt% 时，大量作为网络外体的 Ba^{2+} 进入玻璃网络间隙中，削弱了玻璃结构中既有的桥氧振动，热膨胀系数增大。

c. 热处理温度的升高会促进玻璃的析晶能力，基础玻璃都以非晶态存在，热处理温度为 580 ℃时，C4、C5 有少量 $BaAl_2Si_2O_8$ 晶体析出；热处理温度为 600℃时，C3、C4、C5 均有 $BaAl_2Si_2O_8$ 晶体析出。析晶量随着 BaO 含量的增加及温度的升高而增加，$BaAl_2Si_2O_8$ 晶体的出现对玻璃的耐酸性有一定的改善作用。

（4）钛及钛合金用铋酸盐玻璃封接质量测试结果。

① 铋酸盐玻璃的线性膨胀系数

查资料可知，工业纯钛的线性热膨胀系数为 $8.8\times10^{-6}K^{-1}$（20~300℃），TC4 钛合金的线性热膨胀系数为 $9.3\times10^{-6}K^{-1}$（20~300℃）。图 3-49 为本实验制得的铋酸盐玻璃的热膨胀系数随温度的变化曲线。从图中可以看到，铋酸盐玻璃与金属的线性热膨胀系数相差小于 0.5×10^{-6} K^{-1}，因此二者可以实现匹配封接。

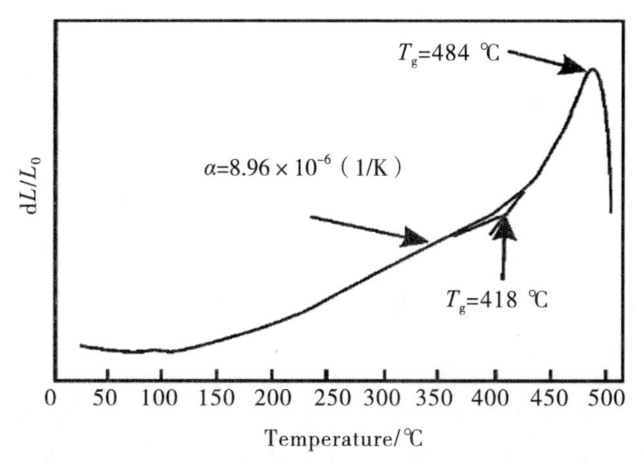

图 3-49 铋酸盐玻璃的热膨胀系数随温度的变化曲线

② 铋酸盐玻璃的湿润角

金属和玻璃由于具有完全不同的键架结构，要将其粘接成一个可靠的整体，首要条件就是熔融玻璃必须充分浸润金属基体。

图 3-50 为铋酸盐玻璃在不同温度下的润湿角。从图中可以看出，玻璃与钛片的润湿角在500℃时大于90°，随着温度的升高润湿角减小。520 ℃时润湿角小于 90°，到 560℃时润湿角已经小于 40°。一般认为玻璃与金属良好的浸润状态为润湿角大于 45° 小于 90°，此时可以实现玻璃与金属的良好封接，因此最佳的封接温度为 520~540℃。

图 3-50 铋酸盐玻璃在不同温度下的润湿角

③ 封接气氛对封接强度的影响

封接强度受到封接气氛的影响，其测试结果见表 3-24。

表 3-24 不同气氛下封接的钛及钛合金盖板的抗拉强度

封接气氛	真空气氛	惰性气氛	大气气氛
封接强度 /N	＜100	1180	1730

结果显示，在真空气氛下，封接强度小于 100 N。这是因为，真空气氛下合金表面几乎无氧化现象发生，金属和熔融玻璃在熔封时缺少氧化物过渡层，表面张力小，因此熔融玻璃无法很好地浸润。充入惰性气体后，在惰性气氛下，较大程度地改善了封装质量，此时的封接强度可以达到 1180 N。在大气气氛下封装，封装强度更加优异，可以达到 1730 N。

④ 封接盖板的气密性和绝缘性

对材质为 TA1 纯钛和 TC4 钛合金的热电池封接盖板（如图 3-51 所示）进行温度冲击测试。将低温箱降温并控温在 55℃ +2℃，高温箱升温并控温在 70℃ +2℃，进行 3 次各 4 h 的温度循环后，使用 ZQJ-530 氦质谱仪检漏，并进行绝缘电阻测试，检测数据表 3-25 所示。

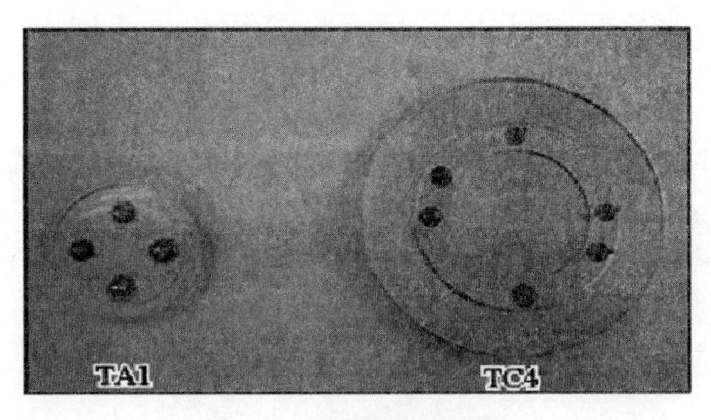

图 3-51 热电池封接盖板

表 3-25 绝缘性和气密性检测数据

盖板材质	芯柱 - 盖板间 绝缘电阻 /GΩ	芯柱 - 芯柱间 绝缘电阻 /GΩ	漏气率 / ($Pa \cdot cm^3 \cdot s^{-1}$)
TA1 纯钛	> 1	> 1	0.3
TC4 钛合金	> 1	> 1	0.3

通过上述 Bi_2O_3–B_2O_3–BaO 系玻璃在钛及钛合金封接中的应用研究，得到结论如下。

a. 制得的 Bi_2O_3–B_2O_3–BaO 系玻璃温度范围在 20~300℃内时，可以与 TA1 纯钛及 TC4 钛合金实现匹配封接，此时其热膨胀系数为 $8.96 \times 10^{-6}K^{-1}$。

b. 润湿角受到封接温度的影响较大，当封接温度处于 500~540℃范围时，润湿角随温度的升高而减小，由大于 90° 减小到适合封接的 45° ~90° 。

c. 封接气氛对封接件质量影响的试验表明，大气气氛下封接件的强度为 1730 N，高于惰性气体保护下封接件的强度。

第 4 章　磷酸盐体系低熔点封接玻璃

磷酸盐体系低熔点封接玻璃主要是以磷酸盐材料为原料，再加入 Al_2O_3、B_2O_3、SnO_2 和 ZnO 等氧化物原料，进而制备出封接玻璃。在磷酸盐玻璃中加入 Al_2O_3、B_2O_3 以及 Ga_2O_3 时，会提高磷酸盐玻璃的化学稳定性与软化温度，同时使得玻璃的热膨胀系数及介电损耗变小。在磷酸盐玻璃体系中，$ZnO-B_2O_3-P_2O_5$ 系玻璃在成本和低温化方面比较具有优势。

4.1 五氧化二磷的特性

P_2O_5 是白色无定形粉末或六方晶体，极易吸潮，熔点为 569℃，密度为 $2.39g/cm^3$，分子量为 141.94。P_2O_5 不溶于丙酮、氨水，溶于水和硫酸。P_2O_5 溶于水时会释放大量的热，先形成偏磷酸，后又会变成正磷酸，和乙醇的反应与水极为相似。当 P_2O_5 接触到有机物时，可能会引起燃烧，其受热分解并且放出有毒的腐蚀性烟气。P_2O_5 为酸性氧化物，它具有很强的腐蚀性，因此不可以用手直接去触摸，也不可直接闻气味，更不可以食用。P_2O_5 应用十分广泛，经常用作气体和液体的干燥剂、药品和糖的精制剂、涤纶树脂的防静电剂、有机合成的脱水剂；它是制取高纯度磷酸、磷酸盐、磷化物及磷酸酯的母体原料；还可以用于 P_2O_5 溶胶及以 H 型为主的气溶胶的制造。在玻璃制造方面，P_2O_5 也经常被用于制造隔热玻璃、透紫外线玻璃、光学玻璃、微晶玻璃和乳浊玻璃等，以提高玻璃的色散系数和透过紫外线的能力。

4.1.1 磷酸盐体系玻璃的结构

磷酸盐体系玻璃以 P_2O_5 为主要原料，与其他各氧化物混合后，经过高温熔融并骤冷处理而形成。P_2O_5 是良好的玻璃形成体，它可以单独形成玻璃，也可以与其他玻璃形成体、网络中间体、网络修饰体混合形成玻璃。P_2O_5 单独形成的玻璃由于化学稳定性比较差，因此没有实际应用价值，实际应用的通常是与其他氧化物混合形成稳定性较好的玻璃。

磷氧四面体 [PO_4] 是磷酸盐玻璃的结构单元，由于 P_2O_5 中 P 是 +5 价，在 [PO_4] 四面体的四个键中有 1 个是磷氧双键 P=O，这使得磷氧四面体的这一顶角变形，因此可将玻璃态的 P_2O_5 看成层状结构。由于磷氧双键的存在，每个 [PO_4] 四面体只和 3 个 [PO_4] 四面体共顶相连，而不是和 4 个 [PO_4] 相连，如图 4-1 所示。

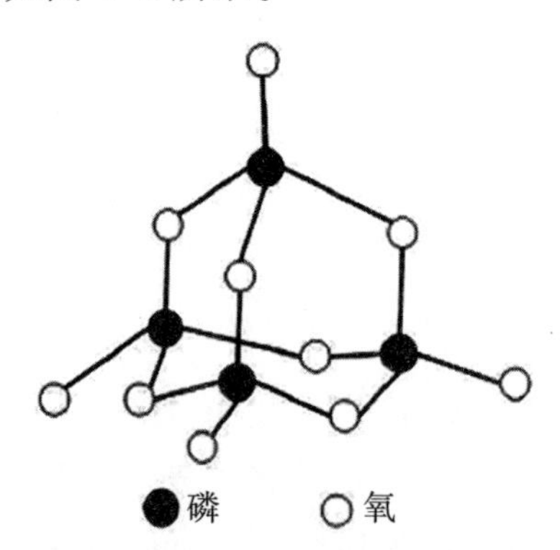

图 4-1　磷酸盐玻璃中 [PO_4] 四面体的连接示意图

磷酸盐体系玻璃的不对称结构使得其黏度比较小，膨胀系数大，化学稳定性较差，因此磷酸盐的网络连接程度和结构完整性都明显低于硅酸盐。也有一些人认为磷酸盐体系玻璃的结构与晶态的 P_2O_5 的结构相同，都由 P_4O_{10} 分子组成，分子之间以范德华力相连，因此他们认为 P_2O_5 玻璃也是层状结构，层与层之间由范德华力连接在一起，如图 4-2 所示。

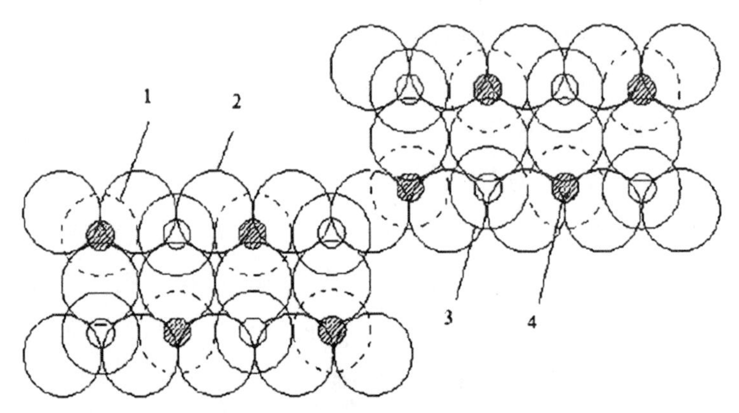

1- 平面图下的氧；2- 平面图中的氧；3- 平面图上的氧；4- 磷。

图 4-2　磷酸盐体系玻璃的层状结构

向磷酸盐体系玻璃中加入网络改良剂时，玻璃的结构会由层状转变成链状，如向磷酸盐体系玻璃中加入 Na_2O，链与链之间由 Na-O 离子键结合在一起。经 XRD 分析证明，二元碱磷酸盐体系玻璃与二元碱硅酸盐体系玻璃在结构上存在两个共同点：一是结构都是四面体，二是碱金属氧化物的添加使非桥氧数增加。然而，当碱土金属磷酸盐体系玻璃中的氧化物含量在 0~50% 之间时，磷酸盐体系玻璃的软化温度随着氧化物含量的增加而上升，膨胀系数下降，因此，氧化物的加入没有破坏磷氧网络，而是加强了磷氧网络结构。

4.1.2 磷酸盐体系低熔点封接玻璃的优缺点

在无铅封接玻璃系统中，硼酸盐体系玻璃的封接温度较高；锡酸盐体系玻璃的电性能存在不足且化学稳定性较差；钒酸盐体系玻璃易吸收水分，在烧结过程中易形成气泡，成本高也是限制其应用的主要原因。当前，取代含铅的封接玻璃应用最多的是铋酸盐体系玻璃，最有前景的是磷酸盐体系玻璃，铋酸盐体系玻璃成本较钒酸盐体系玻璃低，但比磷酸盐体系玻璃高得多，而且具有一定的毒性，性能可以满足 500~600℃范围内的使用需求，因此，铋酸盐体系玻璃只能作为封接玻璃的一种过渡材料。磷酸盐体系封接玻璃成本较低，且在低温和无铅化方面占有很大的优势，因而无铅磷酸盐体系封接玻璃将是传统含铅封接玻璃最有潜力的取代物。磷酸盐低熔点封接玻璃在原料和使用中相对于其他类型的玻璃来说有着比较明显的优点。

（1）原料丰富。磷元素是人体内含量较多的元素之一，并且也广泛存在于动物、植物的组织中。磷元素在地壳中的含量十分丰富，位列前十，而在海水中的浓度更是位列第二。根据美国地质调查局（USGS）统计，世界上磷矿石基础储藏量合计高达500亿吨，在一定时期内具有商业效益的可采储量为180亿吨，分布于60多个国家和地区，主要为亚洲、非洲、中东、北美和南美等地。

（2）成本低。磷元素在自然界的广泛存在使得含磷的化学试剂价格都比较便宜，农业中使用的化肥含有大量的磷酸盐，价格非常低。另外，自磷元素被发现以来，P_2O_5、P_2O_3等磷的氧化物的制备方法越来越简单，纯度越来越高，价格越来越便宜，这使得磷酸盐玻璃的成本可以控制在比较低的范围。

（3）对环境无害。随着封接玻璃向无铅化发展，磷酸盐低熔点封接玻璃中也不再使用含铅的原料。磷元素在自然界中以各种氧化物、磷酸盐形式广泛存在，它也是人和动植物体内所必需的元素之一，对人类和环境没有危害。因此，采用磷酸盐玻璃代替含铅的玻璃是对大自然的保护，也是对人类自身的安全负责。

（4）封接性能好。磷酸盐玻璃黏度低、流动性好，在进行封接时能够充分进入封接间隙，对材料润湿性能好；同时磷酸盐玻璃具有较低的转变温度和软化温度，封接时所需要的温度低，减少了能源消耗；磷酸盐玻璃的热膨胀系数可调，且范围较宽，因此适用于大部分金属材料的封接，尤其适用于低熔点、高膨胀系数的铝合金的封接口。

但是，在目前磷酸盐玻璃的研究中还存在一些不足。

（1）制备复杂。在制备磷酸盐玻璃时，选用的原料不同，制备过程中会出现不同的问题。由于磷酸的挥发性和含水分较多，在较高温度时，原料容易剧烈翻腾，导致P_2O_5过量挥发而无法形成良好的玻璃态，而且所采用的坩埚容易破裂，使用$NH_4H_2PO_4$时也易出现上述问题。采用固体偏磷酸时，原料易于潮解，不易粉碎而且称量误差较大，当加热时易产生分层现象，挥发较大。

黏度对玻璃的析晶性能有着重要的影响，一般来说黏度越小，玻璃析晶越容易。磷酸盐玻璃在高温熔制时黏度非常小，这使得玻璃熔体内的离子迁移变得非常容易，只要达到合适的温度，结晶行为便能迅速发生。所以，磷酸盐玻璃在制备过程中的一个重要问题就是如何防止玻璃析晶。同时，由于玻璃熔体黏度低，玻璃在冷却成形阶段收缩比较大，容易造成玻璃体的炸裂，所以磷酸盐玻璃脆性比较大。适当地提高磷酸盐玻璃的黏度对于磷酸盐体系玻璃避免分相结晶和提高强度有很大作用。

（2）化学稳定性差。玻璃的化学稳定性取决于玻璃的结构完整性和组分的溶出能力，网络结构越完整，化学稳定性越好，而离子半径越小，电价越低，网络空隙越大，离子越容易迁出。磷酸盐体系玻璃网络中存在大量的终端氧原子，这种不对称结构使得磷酸盐体系玻璃结构比较松散；另外，磷酸盐体系玻璃水解后产生的磷酸、苛性碱均容易溶于水，因此磷酸盐体系玻璃的化学稳定性比较差。除此之外，在磷酸盐体系玻璃中引入一价碱金属离子，如 Na^+、K^+，会使其层状结构断裂，加速玻璃的溶解，从而使玻璃的化学稳定性降低。玻璃在水中的溶解机理如图 4-3 所示。

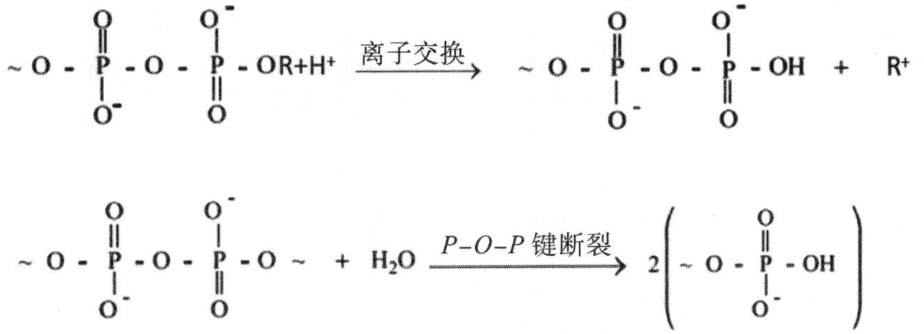

$$\sim O-P(=O)(O^-)-O-P(O^-)(=O)-OR+H^+ \xrightarrow{\text{离子交换}} \sim O-P(=O)(O^-)-O-P(O^-)(=O)-OH + R^+$$

$$\sim O-P(=O)(O^-)-O-P(O^-)(=O)-O\sim + H_2O \xrightarrow{P\text{–}O\text{–}P\text{键断裂}} 2\left(\sim O-P(=O)(O^-)-OH\right)$$

图 4-3　玻璃在水中的溶解机理

从图 4-3 中可以看出玻璃中的一价碱金属离子 R^+ 可以与水中存在的 H^+ 进行交换，使玻璃表面形成水化层，同时，H_2O 分子也能破坏 P–O–P 键，使其断裂，形成不同聚合度的直链磷酸盐进入水中。在酸性条件下，

溶液中的 H^+ 浓度大，加速了 H^+ 与 R^+ 的交换，使玻璃的水化速率加快，加速玻璃网络的破坏。在碱性条件下，溶液中大量的 OH^- 也会加速玻璃中离子的交换，加速玻璃网络结构的破坏。

4.2 磷酸盐体系低熔点封接玻璃的研究进展

与硼酸盐和硅酸盐体系玻璃结构不同，磷酸盐体系玻璃的结构单元是磷氧四面体 [PO_4]，有 1 个 P= O 双键包含在 [PO_4] 四面体的 4 个键中，迫使四面体的这个顶角变形，其余 3 个顶角和 3 个 [PO_4] 四面体相连。这就造成了该体系玻璃膨胀系数偏大，化学稳定性差的缺点；但也造就了该体系玻璃的软化温度低的优点。将其他氧化物加入该体系玻璃中可使 P=O 双键断裂，变形的 [PO_4] 四面体结构单元如图 4-4 所示。结构单元 Q^i 中 i 代表 [PO_4] 四面体中的桥氧数。

磷酸盐体系玻璃的低转变温度、低成本和环境兼容性好的特性，引起低熔点封接玻璃无铅化研究者们的广泛关注；而较差的耐水性又时常阻碍该体系玻璃的实用化步伐。经研究发现，在其中加入高含量的 Al_2O_3 或 Fe_2O_3，能提高玻璃的耐水性，同时又大大降低了其低熔点特性。

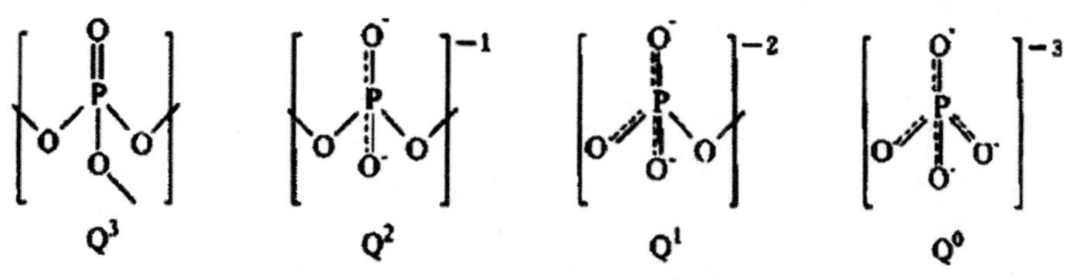

图 4-4　变形的 [PO_4] 四面体结构单元

Takhashi 等详细研究了 Si^{4+} 在二元 P_2O_5-SiO_2 体系低熔点封接玻璃中的部分结构，为该体系玻璃的研究奠定了基础。

在磷酸盐体系低熔点封接玻璃中，P_2O_5-ZnO 体系低熔点封接玻璃由于具有较好的化学稳定性和较低的转变温度，一直是大家研究的重点。P_2O_5-ZnO 体系玻璃的封接温度可以降至 390～470℃，膨胀系数可以降至（80~110）$\times 10^{-7}$/℃。在磷酸盐体系玻璃组成中加入一种或多种其他氧化物，如碱土金属氧化物、碱金属氧化物、Al_2O_3、ZrO_2 或 ZnO 等材料可以改善玻璃的封接机械强度、流动性、热膨胀系数、热稳定性等性质。

Hirose 等人研究了 P_2O_5–ZnO–B_2O_3 体系玻璃，当 P_2O_5 的含量不断增加，硼氧三角体 [BO_3] 含量减少而硼氧四面体 [BO_4] 增加，当 P_2O_5 含量超过 45 mol% 时，玻璃中的 B^{3+} 主要以硼氧四面体 [BO_4] 的形式存在；当 B_2O_3 的含量不断增加，硼氧四面体 [BO_4] 的含量减少，而硼氧三角体 [BO_3] 的含量增多，导致玻璃的化学稳定性缓慢下降；当 B_2O_3 的含量超过 30 mol% 时，硼氧三角体 [BO_3] 急剧增多，导致玻璃的化学稳定性急剧下降。赵偶等研究发现，在含有较少的 ZnO 时，ZnO 可以进入玻璃结构网络中，并增强玻璃的化学稳定性；ZnO 含量对玻璃密度和热膨胀系数影响较大；随着 B_2O_3/ZnO 含量比值的增加，玻璃熔制温度升高，玻璃转变温度和封接温度都出现先增大后减小的现象；玻璃的特征温度随 B_2O_3/P_2O_5 含量比值的增加而增大；该体系玻璃在中性环境下的化学稳定性较好。赵偶等还发现该体系玻璃的封接温度范围为 353~580℃，膨胀系数范围为（43~80）$\times 10^{-7}$/℃。李胜春等研究发现，随着增加玻璃中 P_2O_5 的含量，玻璃的膨胀系数先逐渐增大到极值后再逐渐减小，玻璃的转变温度也呈现出同样的规律；当 P_2O_5 的含量在 43 mol% 附近时为转折点，此时玻璃的热膨胀系数约为 93×10^{-7}/℃，玻璃的转变温度约为 415℃。陈培在专利中阐述了 P_2O_5–ZnO–B_2O_3 体系封接玻璃的制备过程及玻璃相关性质；其中一种的封接温度为 430~550℃，热膨胀系数为（70~120）$\times 10^{-7}$/℃；另一种的转变温度为 388~412℃，软化温度为 432~460℃，膨胀系数为（74.4~85）$\times 10^{-7}$/℃。

P_2O_5–ZnO–SnO 体系玻璃是磷酸盐玻璃中研究最多的体系。由于同属第 IVA 族元素，锡与铅的化学性质相似。Sn^{2+} 离子与 Pb^{2+} 离子的外层电子结构类似，不对称的四方锥体结构存在于晶态氧化锡中，也存在于锡含量较高的玻璃中，Sn^{2+} 离子位于四方锥体的顶端，这使得 SnO 体现出良好的助熔性。Morena 通过研究确定了该体系玻璃的三元相图，如图 4-5 所示。在组成中引入 Al_2O_3、ZnO、B_2O_3、SiO_2 等氧化物后，可使无铅磷酸盐封接玻璃的化学稳定性得到显著改善。Morena 比较了该体系玻璃与 $PbO-ZnO-B_2O_3$ 体系玻璃的水溶性，结果如图 4-6 所示。结果表明加入少量 Al_2O_3 和 B_2O_3 的 $SnO-ZnO-P_2O_5$ 系封接玻璃的失重更小，化学稳定性更好。经过进一步研究发现，该体系玻璃的软化温度比 $PbO-ZnO-B_2O_3$ 体系玻璃低 20℃，电性能优于 $PbO-ZnO-B_2O_3$ 体系玻璃。

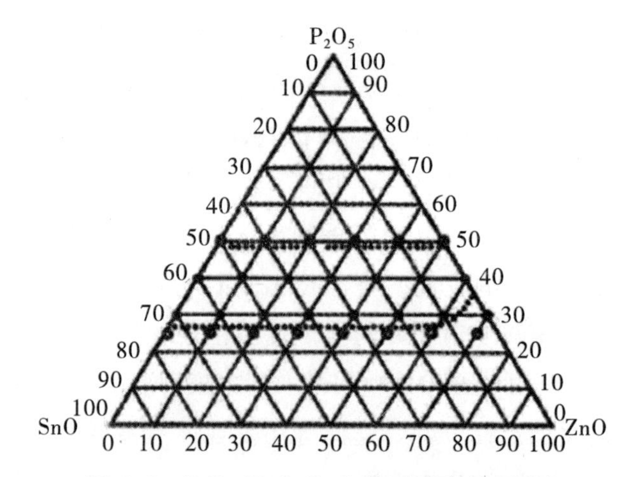

图 4-5　P_2O_5-ZnO-SnO 体系玻璃形成区域

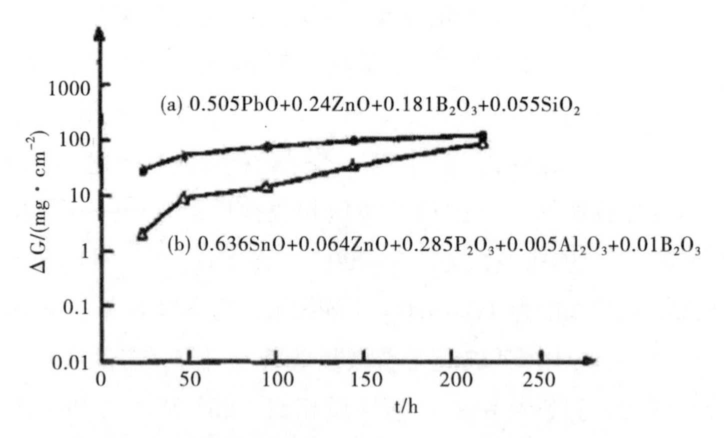

图 4-6　两种封接玻璃的水溶性（90℃去离子水中）

沈健等确定了该体系玻璃的三元相图，经研究可实现玻璃转变温度小于 320℃，软化温度小于 420℃；当 SnO/ZnO 含量比值在 3~8 的范围内时，加入硅酸锆、锂辉石等调节填料后封接温度低于 500℃，膨胀系数为（60~110）$\times 10^{-7}$/℃，具有良好的抗水性能，可用于浮法玻璃的封接。Francis 等在 P_2O_5-ZnO-SnO 体系玻璃中引入 5 mol% 含量的 SiO_2 和 5 mol% 含量的 WO_3 等添加物后，有效地控制了热膨胀系数。李春丽等结合 P_2O_5-ZnO-SnO 体系玻璃形成区域研究发现，添加 B_2O_3、Al_2O_3 可以明显改善 P_2O_5-ZnO-SnO 体系玻璃的转变温度、软化温度、膨胀系数和化学稳定性，并且将 B_2O_3 和 Al_2O_3 混合加入后的改善效果更加明显，膨胀系数降低，耐酸、耐碱失重均小于 1%，转变温度低至 320℃、软化温度低至 350℃。

马占峰等在 P_2O_5-ZnO-SnO 体系玻璃中加入 SiO_2，进一步改善玻璃的化学稳定性及热稳定性，并研究了组成与膨胀系数和转变温度的关系；发现 SnO/ZnO 含量比值在 1~3 时，在玻璃组分中引入 7% 的 SiO_2 后，该体系玻璃的热膨胀系数为（90~ 100）$\times 10^{-7}$/℃，转变温度为 300~320℃。Francis 等研制的 P_2O_5-ZnO-SnO 体系低熔点封接玻璃的转变温度小于 350℃、软化温度小于 400℃，与低膨胀陶瓷粉复合后的封接温度小于 500℃。在熔制玻璃试验时发现，Sn^{2+} 在玻璃熔制过程中容易被氧化成 Sn^{4+}，这导致相同组分不同批次的低熔点封接玻璃的转变温度起伏较大，玻璃产品之间的性质波动影响其使用。

P_2O_5-ZnO-Sb_2O_3 体系玻璃的软化温度比 P_2O_5-ZnO 体系玻璃降低 30℃，其耐水性也相对较好，但 Sb_2O_3 添加过量会导致玻璃析晶。通过进一步研究碱金属氧化物 R_2O（R= 锂、钠、钾）对该体系低熔点封接玻璃性质和结构的影响发现，R_2O 替代 ZnO 后破坏了磷酸盐玻璃的网络结构，增加了玻璃的析晶倾向，降低了玻璃的转变温度、软化温度和耐水性。按照 $K_2O > Na_2O > Li_2O$ 的顺序，随着 R_2O 含量的增加，对玻璃膨胀系数的影响也增加。但是由于混合碱效应，在总 R_2O 含量相同时，改变 Li_2O/（Li_2O+Na_2O）的比例，可以得到转变温度和软化温度更低、耐水性更好的低熔点封接玻璃；混合碱效应对玻璃膨胀系数的影响不大。张兵等研制出 R_2O 含量在 18 mol% 左右、耐水性优良、工作温度在 500℃左右的磷酸盐玻璃。

Marino 等研究了 P_2O_5–ZnO–BaO 玻璃体系，获得了 O/P 值对玻璃化学稳定性的影响规律，并指出 SnO 的加入能够有效降低玻璃的转变温度，他们在相关研究的基础上制备出具有较低 T_g 和良好化学稳定性的磷酸盐封接玻璃。

在 P_2O_5–ZnO–MgO–Na_2O 体系玻璃中，王德强等发现玻璃的转变温度在 330～415℃范围内，软化温度在 360～440℃范围内，膨胀系数在（75~97）$\times 10^{-7}$/℃ 范围内，折射率介于 1.505~1.535 之间，优选出的配方为 $48P_2O_5$–28ZnO–17MgO–$8Na_2O$。

在碱－碱土金属氧化物磷酸盐玻璃中，碱金属氧化物的含量和碱金属氧化物与碱土金属氧化物的比例显著影响玻璃的转变温度、热膨胀系数和化学稳定性；磷氧化物与碱金属氧化物的比例显著影响玻璃的结构和性质。Wilder 等研究了磷酸盐微晶封接玻璃 P_2O_5–Na_2O–CaO、P_2O_5–Na_2O–BaO、P_2O_5–Na_2O–Al_2O_3、P_2O_5–Li_2O–BaO 体系，发现 TiO_2 和 Al_2O_3 能使磷酸盐玻璃结晶，结晶型封接玻璃热膨胀系数为(8.6~10.4）$\times 10^{-7}$/℃。牟新强等给出了 P_2O_5– Al_2O_3– CaO 和 P_2O_5–Na_2O–CaO 体系玻璃的三元相图，如图 4-7、图 4-8 所示。

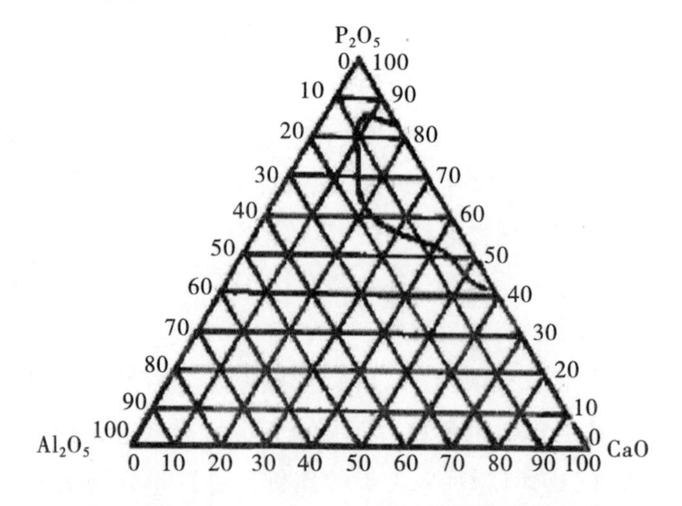

图 4-7 P_2O_5– Al_2O_3– CaO 体系玻璃的形成区域

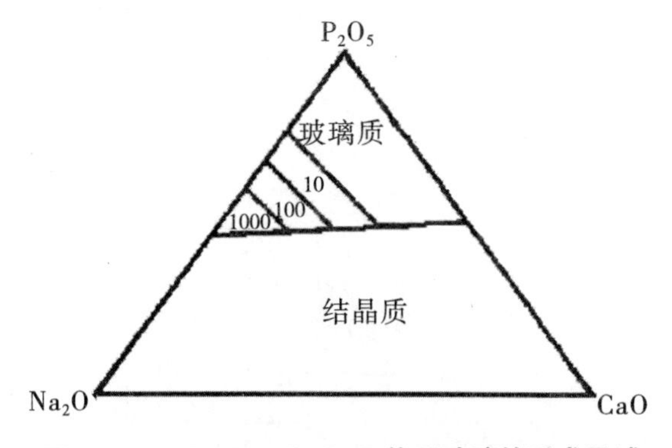

图 4-8 P_2O_5-Na_2O-CaO 体系玻璃的形成区域

薛根生等研究发现，用 Ba^{2+} 离子替代 P_2O_5-Li_2O 系统玻璃中的 Li^+ 离子对玻璃结构未产生重大影响，只是产生微小的干扰。P_2O_5-Li_2O-BaO 体系玻璃仍是以 [PO_4] 四面体为结构单元，组成磷酸盐链状网络结构。P_2O_5-Li_2O-BaO 体系玻璃中，玻璃的一些物理性质发生变化，因为 Ba^{2+} 的加入使得玻璃中联结非桥氧的方向键有所加强，影响了磷酸盐链之间离子键的强度所致。经分析得知，在玻璃链状网络结构中，Ba^{2+} 离子的分布不是完全无规则的。从近程上看，Ba^{2+} 离子将使配位的非桥氧变得有序。随着 BaO 的引入，玻璃的化学稳定性增加。

曹卫东等对 P_2O_5-R_2O-BaO（R 为碱金属离子）系统玻璃中含有 Nb_2O_3 1 mol%、PbO 2 mol%、Al_2O_3 7 mol% 时的玻璃形成范围，画出了如图 4-9 的假三元相图，并对形成区域内玻璃的化学稳定性、室温密度、热膨胀系数、玻璃高温黏度、转变温度、软化温度和析晶温度随成分的变化规律做了系列研究；发现 BaO 的引入对玻璃的平均分子体积影响不大，只是玻璃的平均分子量随之增加，导致玻璃的密度呈线性上升趋势；当 BaO 的含量不变时，在 P_2O_5 含量大的范围内，结构中 [PO_4] 四面体比例的提高，玻璃的平均分子量和平均分子体积都增加，因为平均分子体积增加更快，使得玻璃的密度下降；BaO 的引入增加了玻璃的高温黏度。

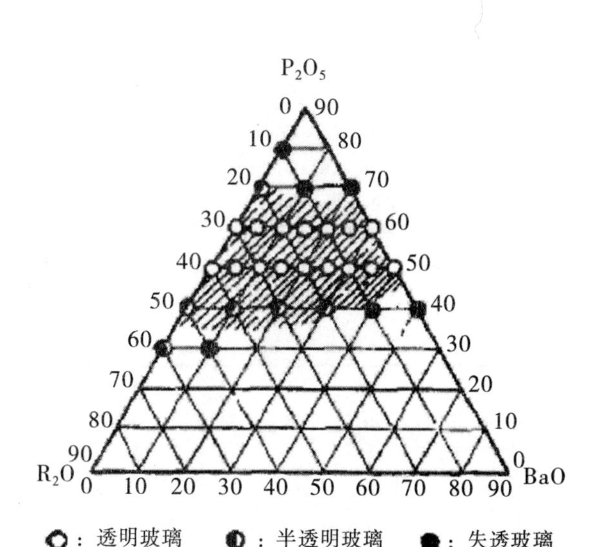

图 4-9 P_2O_5-R_2O-BaO 假三元体系玻璃形成区域

Shih 等对 P_2O_5-Na_2O-CuO 体系玻璃进行研究后发现，其膨胀系数为（9.9~ 25.8）×10^{-7}/℃，转变温度小于 420℃；在氮气气氛中能够实现同时具有较好的化学稳定性和较低的转变温度。

Aitken 等在钨钼磷酸盐基础玻璃组成中加入锑，显著提高了该玻璃体系的抗酸、抗潮湿和抗沸水溶蚀的能力。锑稳定钨钼磷酸盐玻璃的成分中可添加占玻璃原料氧化物物质的量百分比组成 0~5% 的 GeO_2、Ga_2O_3、TeO_2、SiO_2、Al_2O_3、B_2O_3 等。其中 Sb_2O_3 的物质的量百分比含量在 10%~ 40% 的范围内，制得的玻璃中没有 PbO 等污染物，玻璃使用特性皆佳。该体系玻璃呈黑色，在封接使用过程中无须加入着色剂调节色度，但该体系玻璃的耐碱性明显不如耐酸性。Muthupari 等人发现，P_2O_5-Na_2O-WO_3 和 P_2O_5-Na_2O-MoO_3 玻璃的转变温度随 P_2O_5 含量的升高而升高，随 Na_2O 含量的升高而降低，转变温度为 446~279℃。同时发现，玻璃网络结构由 [PO_4] 四面体组成。

P_2O_5-SnO 体系玻璃的封接温度可以降至 410~490℃，膨胀系数可以降至（89~103）×10^{-7}/℃。Masuda 研究发现，将 MnO 引入 P_2O_5-SnO 系低熔点封接玻璃，在不提高玻璃转变温度的前提下可以改善玻璃的耐水性。

Yamanaka 等研究了 P_2O_5-SnO-SiO_2 体系封接玻璃，以及加入 CuO、Nb_2O_5、TiO_2 后该体系玻璃的性质变化特点。CuO 增加了该体系玻璃的浸润性，Nb_2O_5 降低了玻璃的膨胀系数，TiO_2 促进了玻璃的结晶。

磷酸盐玻璃结构中的环或链的长度极大地影响了玻璃的特征温度。同时，磷酸盐玻璃较差的化学稳定性妨碍了其应用。Morinaga 等研究了 P_2O_5-SnO-$SnCl_2$ 体系封接玻璃的制备、玻璃性质、成玻范围，发现个别样品的软化温度可低至 359℃，膨胀系数范围为（95~110）× 10^{-7}/℃，总结了玻璃组分变化对特征温度的影响规律。

P_2O_5-SnO-BaO 体系玻璃的形成区域如图 4-10 所示。当 P_2O_5-SnO-BaO 玻璃中 BaO 的含量为 10 mol% 时，随着 SnO 含量的不断增加，玻璃的转变温度先降低后升高。当 P_2O_5-SnO-BaO 玻璃中 P_2O_5 的含量为 45 mol% 时，该体系玻璃的转变温度随着 SnO 含量的增加而降低。该系统玻璃的转变温度为 260~360℃，该系统玻璃的热膨胀系数为（120~ 140）× 10^{-7}/℃。

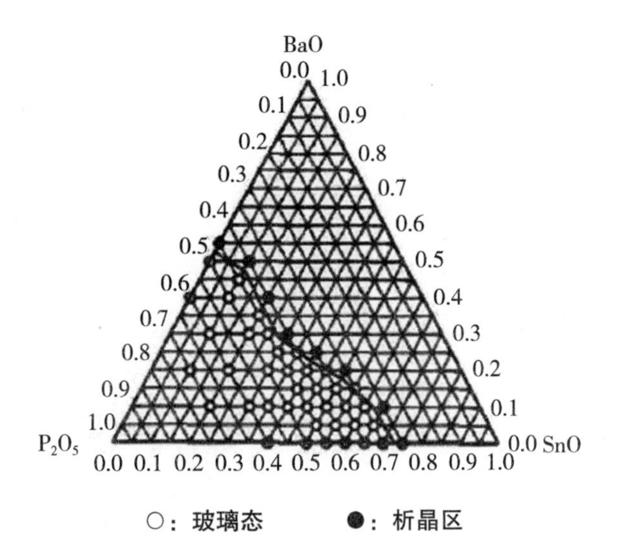

图 4-10　P_2O_5-SnO-BaO 体系玻璃形成区域

磷酸盐低熔点封接玻璃的相关研究还有：P_2O_5-ZnO-B_2O_3-CaO、P_2O_5-Fe_2O_3-BaO、P_2O_5-SnO 和 P_2O_5-SnO-B_2O_3。但都难以解决化学稳定性差、膨胀系数大的问题，在实用性上难有突破。

4.3 磷酸盐体系低熔点封接玻璃的制备与性能研究

本节以 P_2O_5-B_2O_3-ZnO 系基础玻璃为例，介绍氧化物 MnO_2 及 Fe_2O_3 单组分变化对玻璃结构与性能的影响。

4.3.1 实验内容

（1）实验原料。

本实验各原料的具体情况如表 4-1 所示。

表 4-1 实验原料的具体情况

试剂名称	化学式	分子量	纯度 /%	制造公司
五氧化二磷	P_2O_5	141.94	≥ 99.8	上海凌锋化学试剂有限公司
硼酸	H_3BO_3	61.84	分析纯	上海云岭化工厂
氧化锌	ZnO	81.39	分析纯	上海京华化工厂
氢氧化铝	$Al(OH)_3$	78.0	≥ 99.6	上海精化科技研究所
无水碳酸钠	Na_2CO_3	106.00	≥ 99.8	上海科兴实验室设备有限公司
碳酸锂	Li_2CO_3	73.89	≥ 99.0	上海恒信化学试剂有限公司
二氧化锰	MnO_2	86.94	≥ 85.0	上海金山兴塔化工厂
三氧化二铁	Fe_2O_3	159.7	≥ 99.0	上海场南化工厂
纳米氧化铝	γ-Al_2O_3	≤ 10nm	≥ 99.9	上海珠尔纳高新粉体材料有限公司

（2）实验设备。

本实验所需设备如表 4-2 所示。

表 4-2　实验设备

名称	规格	制造商
硅钼棒电炉	SX-4.5-17	上海才兴高温元件电炉厂
马弗炉	ELF 11/68	上海欢奥科技有限公司
电热鼓风恒温干燥箱	SM-4X	上海神模电气有限公司
分析天平	200G/0.1mg	慈溪市天东衡器厂
石英坩埚	200ml	上海工陶自动化设备有限公司
恒温水浴	HH-2	江苏省恒丰仪器制造有限公司
行星式球磨机	QM-3SP2	南京南大仪器厂

（3）样品制备

本实验样品制备工艺流程如图 4-11 所示。

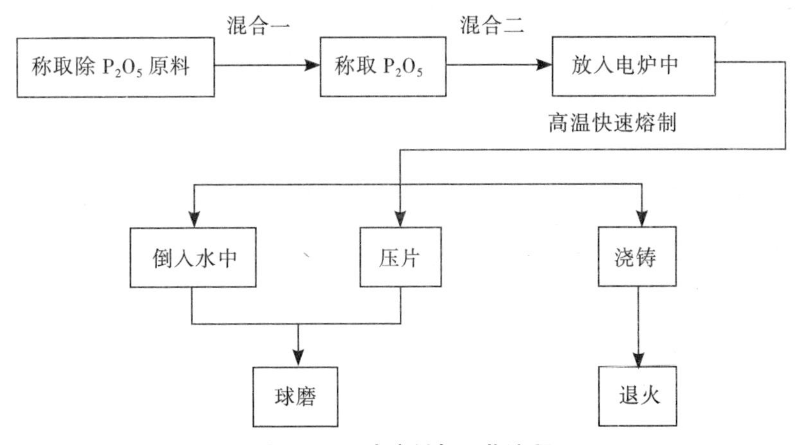

图 4-11　玻璃制备工艺流程

磷酸盐玻璃试样的制备分以下两步进行。

①原料的选择。由于磷酸的挥发性较强，含水分较多，在较高温度时，原料容易剧烈翻腾，导致 P_2O_5 过量挥发而无法形成良好的玻璃态，

而且所采用的坩埚容易破裂；采用 $NH_4H_2PO_3$ 时也易出现上述问题；采用固体 HPO_3 偏磷酸时，原料易于潮解，不易粉碎而且称量误差较大，当加热时易产生分层现象，挥发较大。对比试验发现，采用分析纯的 P_2O_5 能有效解决上述问题，关键是在混合 P_2O_5 时要快，而且要在坩埚上加放盖子以防止过量的挥发。

② 玻璃的熔制。先将除 P_2O_5 外的原料均匀混合，然后再添加 P_2O_5，在称量 P_2O_5 时一定要快，以减少吸收水分而导致称量不准确，然后放入石英坩埚中并加上盖子快速放入电炉中。熔制温度在 1250 ℃条件下，保温时间为 100 min。对比试验研究发现，在上述工艺条件下制取的样品能够生成较好的玻璃态样品，退火时间为 1h，退火温度为 350 ℃，1h 后停止加热，随炉温自然冷却至室温。研究性的样品制备试验发现，在 1050 ℃时便能够生成玻璃态，但在玻璃中含有少量的未熔物质，同时，玻璃的分相、析晶情况比较严重，同时为减少 P_2O_5 的挥发，结合磷酸盐玻璃的特点，采用快速熔制的方法，因此试验温度定为 1250 ℃。试验结果表明，澄清时间小于 40 min 时，所得的制品有浮渣、气泡和结石等缺陷；澄清时间为 1 h 时，可以基本消除上述现象。注意在浇铸试样时，必须预热模子以免玻璃爆裂。

4.3.2 结果与讨论

（1）MnO_2 掺入对磷酸盐体系玻璃结构和性能的影响。

① 玻璃组成

选取 M0 号试样作为基本配方，在此配方的基础掺杂 1 mol%~5 mol% 的 MnO_2，组成 M 系列玻璃样品。XRD 测试表明，玻璃熔制后均能形成良好的玻璃态，其 XRD 图谱如图 4-12 所示，试验编号与玻璃组成如表 4-3 所示。

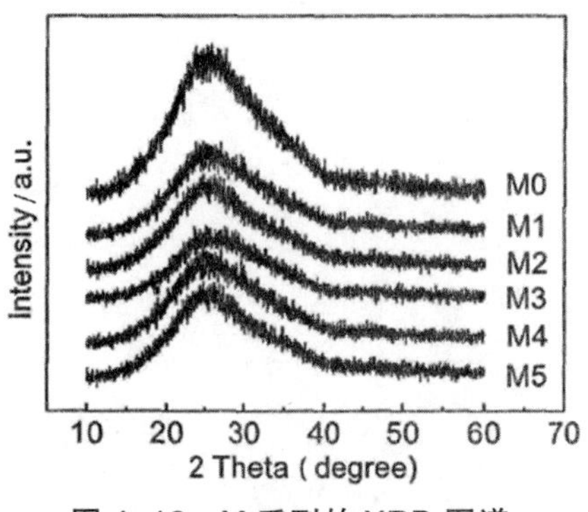

图 4-12　M 系列的 XRD 图谱

表 4-3　试验编号与玻璃组成　　单位：mol%

编号 组成	P_2O_5	B_2O_3	ZnO	R_nO_m	MnO_2
M0	35	10	45	10	0
M1	35	10	44	10	1
M2	35	10	43	10	2
M3	35	10	42	10	3
M4	35	10	41	10	4
M5	35	10	40	10	5

MnO_2 为黑色或棕色晶体或无定性粉末，是强氧化剂，同时也是一种辅助密着剂和着色剂。在玻璃中，它以 Mn^{2+} 离子或 Mn^{3+} 离子存在，或二者同时存在。Smith HL 等研究了含锰的 Na_2O-$3SiO_2$ 系玻璃中锰的吸收光谱，指出 Mn^{2+} 使玻璃着成黄色，而 Mn^{3+} 使玻璃着成紫色。在含锰的玻璃中，Mn^{2+} 与 Mn^{3+} 之间建立的平衡取决于基础玻璃的组成、熔制温度和炉内气氛，其转变反应如下：

$$MnO_2 \rightarrow MnO + 1/2\ O_2$$

$$2Mn^{2+} + 1/2\ O_2 \rightarrow 2Mn^{3+} + O^{2-}$$

反应生成的 O^{2-} 促使 PO^{3-} 基团转变为 $P_2O_7{}^{4-}$ 基团，反应过程如下：

$$[POO_{2/2}O^{-}]+O^{2-} \rightarrow [POO_{1/2}O_2]^{2-}$$

$[POO_{1/2}O_2]^{2-}$ 基团与 Zn 离子接合，发生如下反应：

$$Zn^{2+}+2[POO_{1/2}O_2]^{2-} \rightarrow [ZnO_{2/2}]+2[POO_{2/2}O^{-}]$$

② 红外、拉曼光谱研究 MnO_2 含量对玻璃结构的影响

M 系列样品的红外吸收光谱图如图 4-13 所示。

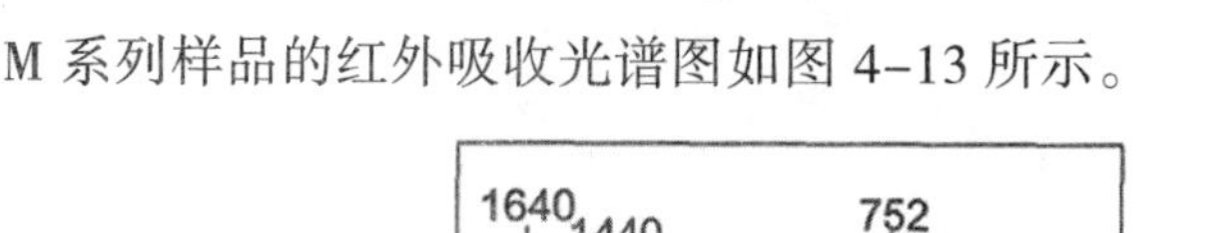

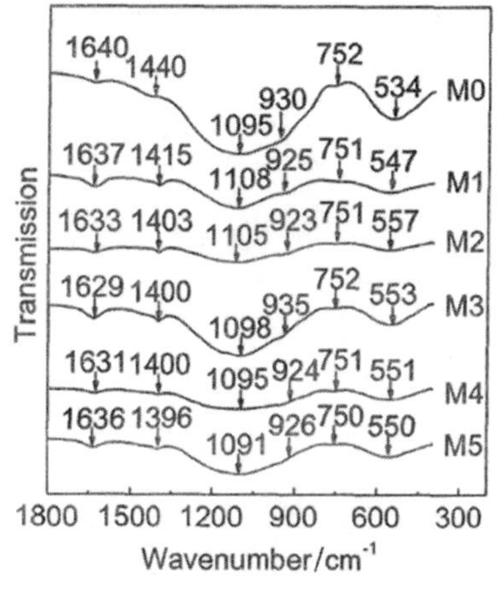

图 4-13　M 系列玻璃的红外吸收光谱图

对于 M0 号玻璃，位于 1640 cm^{-1}、1440 cm^{-1}、1095 cm^{-1}、930 cm^{-1}、752 cm^{-1} 和 534 cm^{-1} 处的 6 个主要吸收峰分别归属于 AlH_4 离子基团的振动、$B_2O_7^{2-}$ 基团中的 B-O-B 键的不对称伸缩振动、O-P-O 键的对称伸缩振动、P-O-P 键的不对称伸缩振动、P-O-P 键的对称伸缩振动、O-P-O 的弯曲振动和 Zn-O 键的伸缩振动的共同作用。随着 MnO_2 含量越来越多，在 P-O-P 键的长链中出现了 P-O-Mn-O-P 键的组合单元，以及部分化学稳定性较弱的 P-O-B 键被具有较高抗水解能力的 P-O-Mn 键所取代，同时，MnO_2 的加入使得磷酸盐结构中一些不稳定双键氧（P=O）变成桥氧（$P-O^2$），提高了 P-O-P 键和 P-O-B 键等主要链之间的空间交叉密度。1640 cm^{-1} 处 AlH^{4-} 的吸收峰没有变化是由于 $Al(OH)_3$ 的含量不变的缘故，1440 cm^{-1} 处吸收峰的强度稍微增强，说明少量玻璃网络结构体中的硼氧四面体 $[BO_4]$ 向硼氧三面体 $[BO_3]$ 转变，由于玻璃网络结构中带双键的磷氧四面体减少，因而

1095 cm^{-1}、752 cm^{-1} 和 534 cm^{-1} 处吸收峰的强度增大，说明 O–P–O 键的对称伸缩振动、P–O–P 键的对称伸缩振动、O–P–O 键的弯曲振动和 Zn–O 键的伸缩振动的共同作用加强，同时部分 P=O 双键转化为 O–P–O 键和 P–O–P 键。

M 系列样品的拉曼光谱图如图 4–14 所示，M0 号样品在 1135 cm^{-1} 处振动峰归属于 O–P–O 键的对称伸缩振动，753 cm^{-1} 处振动峰归属于 P–O–P 键的对称伸缩振动。随 MnO_2 的增多，1135 cm^{-1} 处振动峰强度增强，而 753 cm^{-1} 处振动峰的强度变化不大，说明随 MnO_2 的增多，玻璃网络结构中做对称伸缩振动的 O–P–O 键增多，这是由于 MnO_2 参与了玻璃的网络结构，部分不稳定 P=O 双键部分转化为 O–P–O 键。

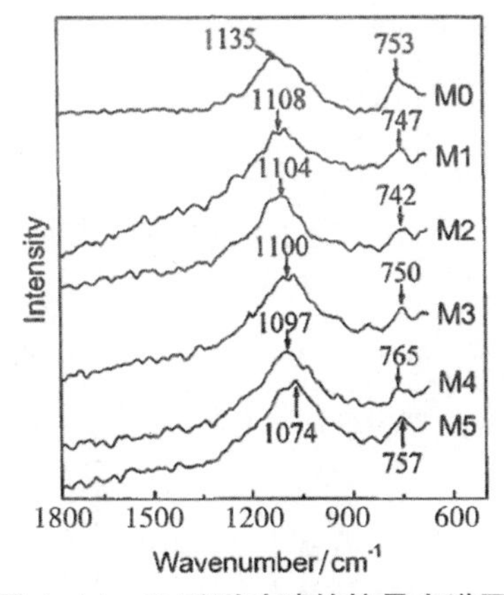

图 4–14　M 系列玻璃的拉曼光谱图

③ 核磁共振研究 MnO_2 含量对玻璃结构的影响

由图 4–15 可知，玻璃中的磷元素在 –17 ppm 到 –21 ppm 处存在一个特征信号峰。研究表明，这个化学位移所对应的磷的结构单元为焦磷酸根基团（$PO_{3.5}^{2-}$，Q1），其信号峰强度随着 MnO_2 的增多而减弱，说明部分 Mn 离子参与了玻璃的网络结构，破坏了部分 Q1 基团，除 Q1 峰外其他峰均为旋转边带，间距为旋转频率。

图 4–15 是 M 系列玻璃结构中 31P 的 NMR 图谱。

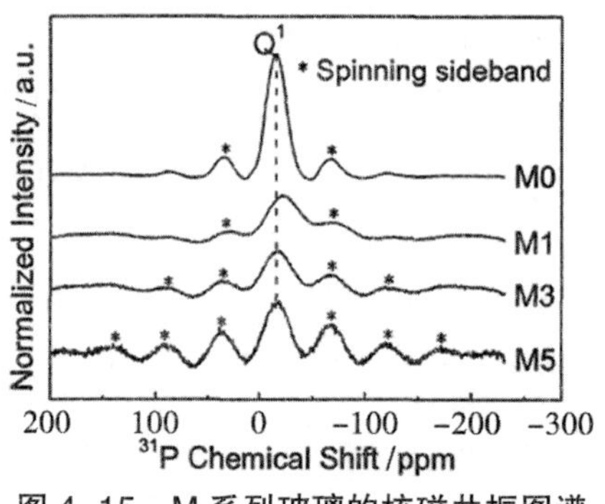

图 4-15　M 系列玻璃的核磁共振图谱

④ X 射线衍射研究 MnO_2 含量对玻璃结构的影响

X 射线衍射技术可能出现的难题为所观察的 X 射线衍射图谱，十分接近某一已知晶体的图谱，但又不是绝对相同。出现这一点的可能原因是玻璃析晶所产生的晶体并不是完全单一的晶体，因为其晶体结构中有的离子键位可能部分被其他尺寸或电荷相近的离子所置换，而且很容易形成固溶体，因此改变了 X 射线衍射谱。

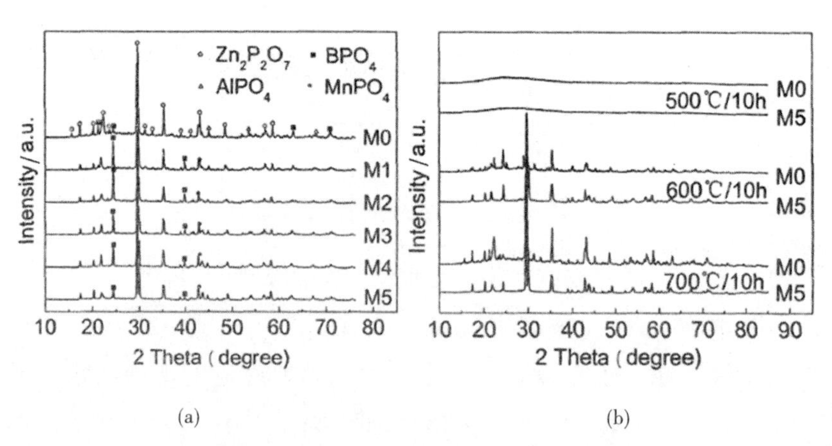

（a）M 系列的 XRD 图谱；（b）M0、M5 在不同温度下的 XRD 图谱。

图 4-16　M 系列玻璃在不同温度下的 XRD 图谱

M 系列玻璃样品在 700℃下保温 10h 的 XRD 图谱如图 4-16（a）所示，M0 和 M5 分别在 500℃、600℃和 700℃热处理条件下的 XRD 图谱如图 4-16（b）所示。图 4-16（a）中试样 M0~M5 的 XRD 图谱中衍射峰的强度慢慢发生了变化，主要变化是掺杂 MnO_2 后晶相 BPO_4 的衍射峰显著增强，但是其强度随着 MnO_2 掺入量的增多而减弱，使磷酸盐原先的层状（或链状）结构由于 BPO_4 的增多而转变为架状结构，可以提高晶化后玻璃的化学稳定性、热稳定性和机械强度，提高了封接后的气密性。$Zn_2P_2O_7$ 一直以主晶相的形式存在于磷酸盐中，随着 MnO_2 掺入量的不断增多，其衍射峰强度不断减弱。此外，因为 MnO_2 的加入，出现了新的晶相 $MnPO_4$，并随着 MnO_2 掺入量的增多而不断增强，从而引发“保护膜层”的生成，有利于提高封接后玻璃的耐水性。图 4-16（b）中，在 500 ℃时没有衍射峰出现，在 600 ℃和 700 ℃时出现了明显的衍射峰，且这些衍射峰的强度随温度的上升变化不大，表明在 600 ℃下保温 10 h 的热处理条件下，样品的结晶程度较高。

⑤ 扫描电镜及能谱研究 MnO_2 对玻璃结构的影响

图 4-17 为 700 ℃下保温 10h 后 M 系列玻璃样品断口的 SEM 照片。

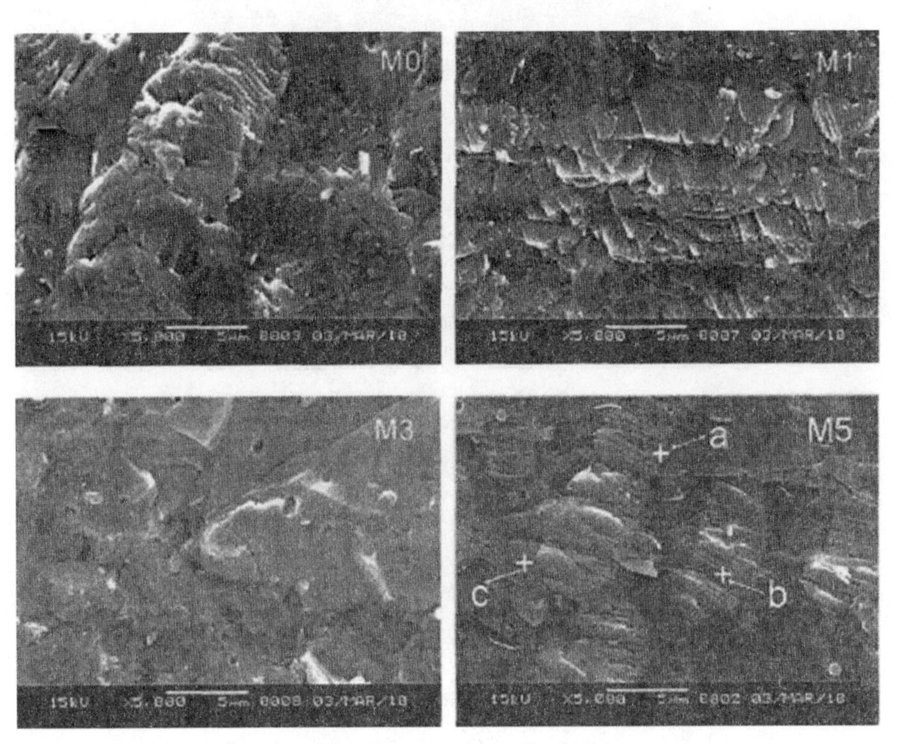

图 4-17　晶化后 M 系列玻璃横截面的 SEM 图

由图 4-17 可见，在 M0 和 M1 号中，可以清晰地看到磷酸盐体系玻璃的层状结构形貌，随着 MnO_2 掺入量的增多，磷酸盐体系玻璃的网络结构由层状结构向架状结构转变，玻璃样品内部的气孔率及内部缺陷逐渐降低，当 $MnO_2 \geqslant 3$ mol% 时，样品的气孔率和内部缺陷降到较低的水平，样品基本上致密化，形成分布较均匀的均一相，其内部微观结构结合得更加致密，表明掺入 MnO_2 后对磷酸盐体系玻璃的化学稳定性、机械强度、热稳定性以及封接后的气密性能的提高都是非常有利的。

图 4-18 中 a、b 和 c 分别为 M5 号样品中接合相、浅灰色相和深灰色相的 EDS 图。

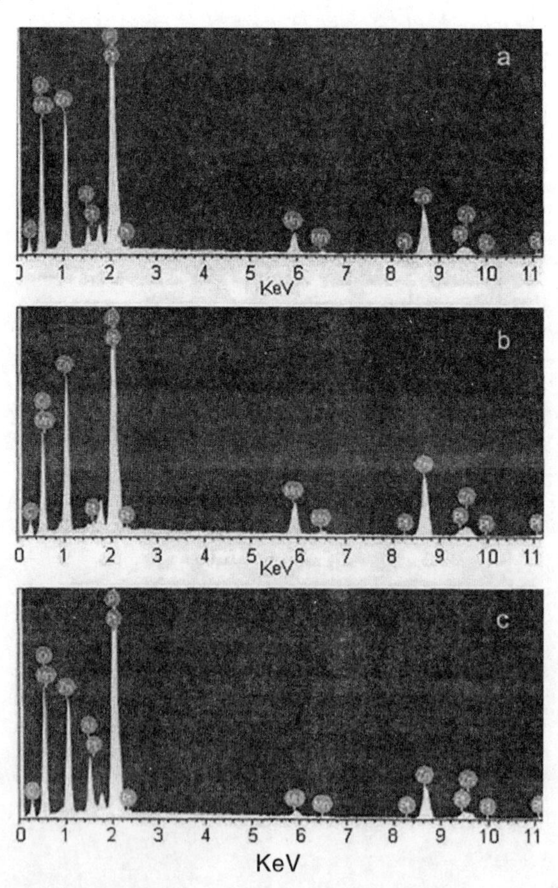

图 4-18　M5 号样品的 EDS 图

各测试点的元素含量如表 4-4 所示。

表 4-4　元素含量　　单位：mol%

元素 测试点	a	b	c
P	10.20	10.90	10.36
Zn	5.58	7.59	3.83
Mn	0.99	1.67	0.27
Al	0.93	0	2.12
O	82.30	79.82	83.42

通过对比可以发现，b 处含有较多的 Mn 和 Zn 元素，表明浅灰色相部分晶相 $MnPO_4$ 和 $Zn_2P_2O_7$ 的含量较高，因而此处 P 元素的含量也较高；b 处不含有 Al 元素；c 处含有较多的 Al 元素而 Mn 元素的含量较低，说明 c 处 $AlPO_4$ 晶体的分布较多，含有较多的 P-O-Al 键，而 $MnPO_4$ 晶体的分布较少，含有较少的 P-O-Mn 键。a 处为 b 处和 c 处的接合位置，各种元素的含量分布介于两者之间。

⑥ 差热分析研究 MnO_2 对玻璃结构的影响

图 4-19 为 M 系列玻璃样品的 DTA 及 T_g、T_{c1} 曲线图，玻璃的转变温度 T_g 在掺入 MnO_2 后有明显的降低，其变化过程可分为两个阶段：第一阶段，当 $MnO_2 \leqslant 3$ mol% 时，T_g 随 MnO_2 的增多而降低，此时 MnO_2 主要起到玻璃网络形成体的作用，Mn 离子由于半径较大，作为网络填充离子填充于玻璃的网络结构中，可以增加磷酸盐体系玻璃层状结构的平移滑动性，使得 T_g 降低。不断增加 MnO_2 的掺入量，这种变化会更加明显。在第二阶段，当 $MnO_2 > 3$ mol%，此时的 Mn 可以起到玻璃网络结构修饰体的作用，可以使磷酸盐体系玻璃网络结构的稳定性增强，但玻璃网络结构的致密性随 MnO_2 掺入量的增多而有所降低，因而 T_g 略有升高。此外，从图 4-19 我们可以观察到 MnO_2 掺入前后样品的结晶峰温度（T_{c1}、T_{c2}）的变化，M0 只观察到 T_{c1}，未见 T_{c2}，表明 M0 仅存在一个主晶相；而当 MnO_2 掺入后，出现了新的结晶峰温

度 T_{c2}，表明此时出现了新的晶相，通过 XRD 研究可知，新出现的晶相为 BPO_4，其生成的量随 MnO_2 掺入量的增多而减少，这与 XRD 的分析结论是一致的，因而 T_{c2} 的放热峰面积较小，说明此时的析晶趋势较弱。

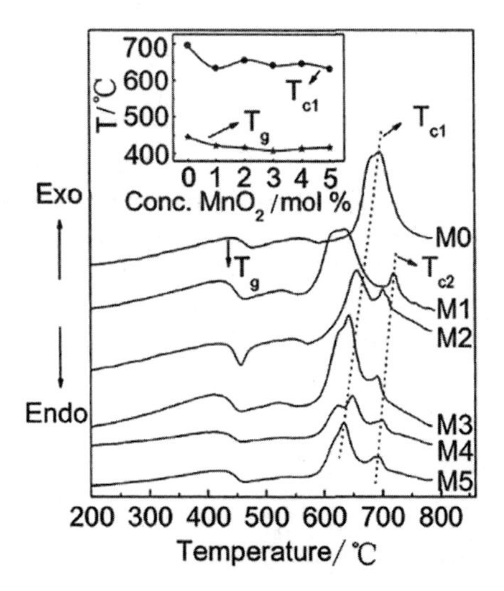

图 4-19 M 系列玻璃的 DTA 图谱

⑦ MnO_2 掺入对热膨胀系数、密度的影响

图 4-20 为 M 系列玻璃中掺杂 MnO_2 后热膨胀系数 α 和密度 ρ 的变化曲线。

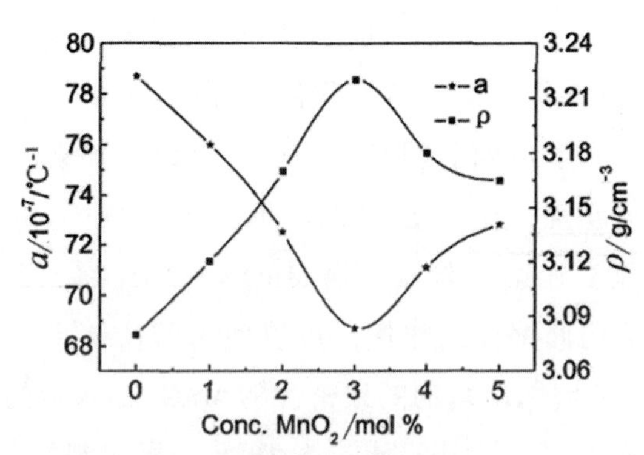

图 4-20 M 系列玻璃的 α 和 ρ 的变化

由图 4-20 可知，α 的变化趋势与 T_g 的变化趋势一致，而 ρ 的变化

与 T_g 的变化趋势恰恰相反。当 $MnO_2 \leqslant 3$ mol% 时，Mn 离子主要起到网络形成体的作用，作为网络填充离子填充于磷酸盐体系玻璃的网络结构中，使得玻璃网络结构的致密性提高，玻璃由层状结构向架状结构转变，因而 α 降低而 ρ 升高；当 $MnO_2 > 3$ mol% 时，MnO_2 主要作为玻璃网络修饰体存在，可以使玻璃的网络结构稳定性有所增强，但随 MnO_2 掺入量的增多，玻璃的网络结构的致密性有所降低，因而 α 升高而 ρ 降低。

⑧ MnO_2 掺入对化学稳定性、体积电阻率的影响

图 4-21 为 M 系列玻璃样品的失重百分比随浸泡时间的变化图。

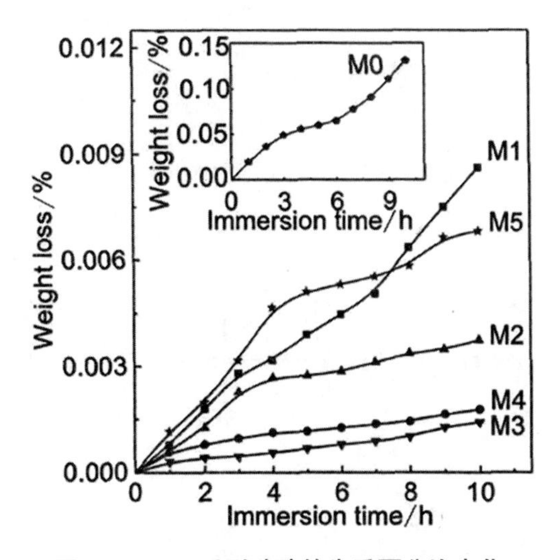

图 4-21　M 系列玻璃的失重百分比变化

由图 4-21 可知，由于样品表面缺陷的原因，在前 2 个小时内失重较快，此后样品的失重速率减缓。MnO_2 的掺入能够提高玻璃网络结构的致密性，使磷酸盐体系玻璃的层状结构转变为架状结构，因而耐水性得到显著增强。在掺入 MnO_2=3 mol% 时对磷酸盐体系玻璃的耐水性的改善最为显著，当掺入 $MnO_2 < 3$ mol% 时，MnO_2 主要起到玻璃网络形成体的作用，此时的锰离子作为网络填充离子，填充于玻璃的网络结构中，使得玻璃的结构更加致密，阻碍了水在玻璃中的扩散通道，从而使玻璃的耐水性能提高。当 $MnO_2 > 3$ mol% 时，MnO_2 主要起到

玻璃网络修饰体的作用，增强了玻璃的网络结构的稳定性，此时网络结构的致密性随着 MnO_2 的增多而有所降低，因而，此时的耐水性能较 MnO_2=3 mol% 时有所降低。

掺入 MnO_2 使得样品的耐水性有显著的提高，这是由于少量的 MnO_2 可以使磷酸盐体系玻璃中 P–O–P 键的长链中夹杂 P–O–Mn–O–P 键的组合单元，以及部分稳定性较差的 P–O–B 键被具有较高抗水解能力的 P–O–Mn 键所取代，反应过程如下：

$$P\text{–}O\text{–}B + 2MnO_2 \rightarrow P\text{–}O\text{–}Mn^{2+} + B\text{–}O\text{–}Mn^{2+} + 3/2\ O_2$$

或者

$$P\text{–}O\text{–}B + 2MnO_2 \rightarrow P\text{–}O\begin{matrix} Mn^{2+} \\ \\ Mn^{2+} \end{matrix}O\text{–}B + \frac{3}{2}O_2$$

由此推断，MnO_2 参与磷酸盐体系玻璃的网络结构如图 4–22 所示。

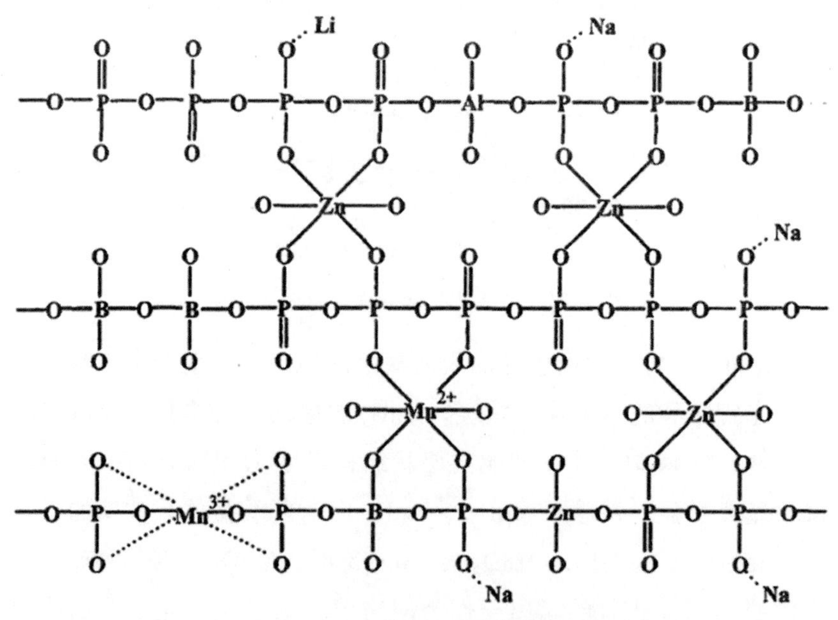

图 4–22　MnO_2 参与磷酸盐体系玻璃的网络结构图

同时，MnO_2 的加入使得磷酸盐结构中一些不稳定双键氧（P=O）

变成桥氧（P-O），提高了 P-O-P 键和 P-O-B 键等主要链之间的空间交叉密度。此外，当 P-O-Mn 键水解后富含锰离子的胶体仍留在玻璃的表面，在玻璃表面形成一层具有保护作用的胶状富锰层，阻止水对玻璃内部的进一步侵蚀，从而使耐水性得到极大的提高。

图 4-23 为样品受 90℃水侵蚀不同时间后的表面形貌照片。

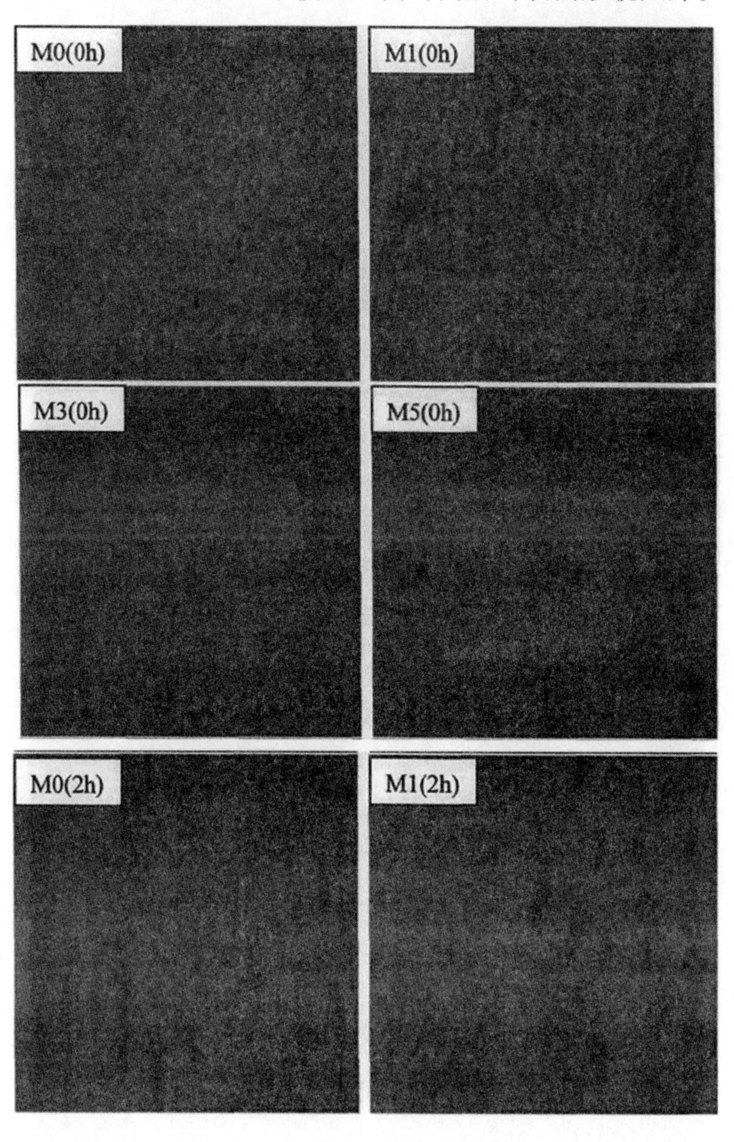

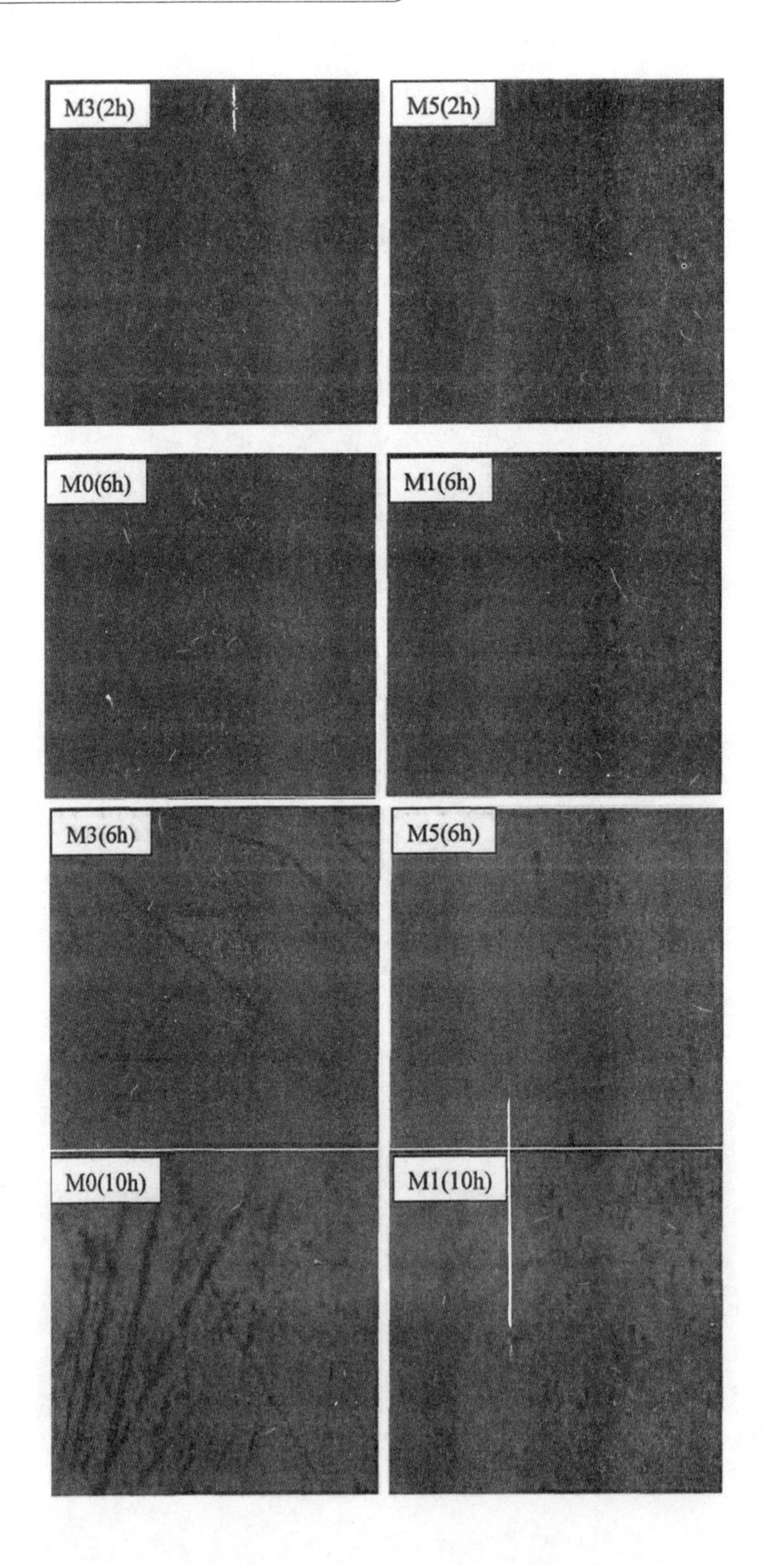
M3(2h)
M5(2h)
M0(6h)
M1(6h)
M3(6h)
M5(6h)
M0(10h)
M1(10h)

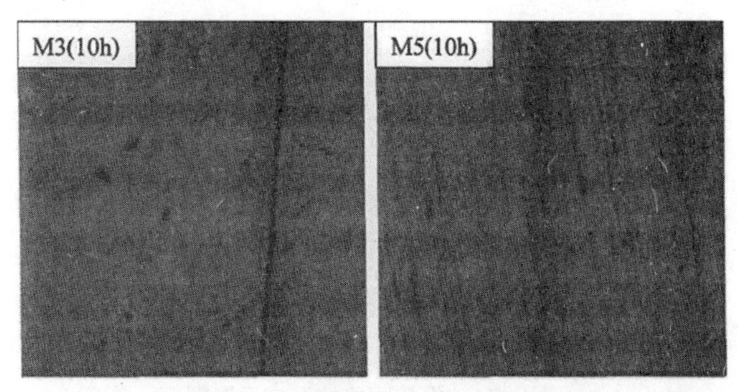

图 4-23 样品受 90 ℃水侵蚀不同时间后表面形貌照片（400×）

由图 4-23 可以看出，玻璃本身表面上就分布了一些微小的孔洞及少量细小的微裂纹。当受到水的侵蚀时，随着时间的推移，玻璃表面的侵蚀坑数目越来越多，侵蚀坑的尺寸也不断变大。在 2 h 的时候，玻璃表面的各个侵蚀坑彼此相互连接，其表面的一些易溶物质受到较为明显的侵蚀，水分子沿着细小的微裂纹进入玻璃内部，水把玻璃表面的磷酸根聚合链完全包围住，在去离子水中与水溶液发生水化反应，加快了玻璃向水中的溶解，因此侵蚀坑明显地变大加深。到 6 h 的时候，玻璃表面的侵蚀坑已经呈现出线状相互连接，侵蚀坑的大小也发生了变化，一些大的侵蚀坑变得更大，而一些小的则消失不见。当受水侵蚀达到 10 h 后，玻璃表面的线状侵蚀坑变宽并加深，线状侵蚀坑也逐渐增多。

磷酸盐体系玻璃受水侵蚀生成的浸析层很容易被破坏，但在磷酸盐体系玻璃中加入 MnO_2 后 Mn 离子参与玻璃的网络结构，烧结后能生成晶体 $MnPO_4$（反应一），由于玻璃表面的张力作用，烧结后，$MnPO_4$ 均匀分布在玻璃表面，遇到外界的水分而生成 $Mn_2P_2O_7$“膜层”（反应二），从而形成一层与玻璃内部组成相异的、稳定的“保护膜层”（如图 4-24 所示），进而大幅提高封接后磷酸盐体系玻璃的化学稳定性。

$$MnPO_4+H_2O \rightarrow MnPO_4 \cdot H_2O \quad \text{（反应一）}$$

$$2MnPO_4 \cdot H_2O \rightarrow Mn_2P_2O_7+2H_2O+1/2O_2 \quad \text{（反应二）}$$

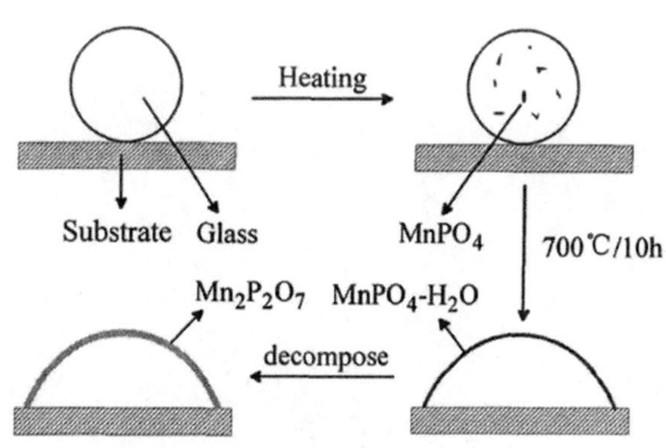

图 4-24　保护膜层的形成示意图

图 4-25 是不同温度下 M 系列玻璃样品的体积电阻率 R_v 的变化曲线，当温度≤ 80 ℃且 MnO_2 含量较低时，R_v 随 MnO_2 的增多而增大，此时 Mn 填充于玻璃的网络空隙中，对一价离子的迁移产生压抑效应，从而使一价离子的迁移活化能增高，导致 R_v 增高；随着 MnO_2 的增多（MnO_2 > 3 mol% 时），降低了玻璃网络结构的致密性，致使网络空隙增大，对一价离子的压抑减弱，使其迁移活化能减少，因而此时 R_v 减小。当温度为 120 ℃时，R_v 随 MnO_2 的增多而减小。当温度> 120 ℃时，6 个样品的 R_v 的值相差较小，和其化学组成、种类、MnO_2 含量无明显的对应关系，由于体积电阻率的数量级较大，可以认为此时 R_v 的变化主要取决于温度的变化。

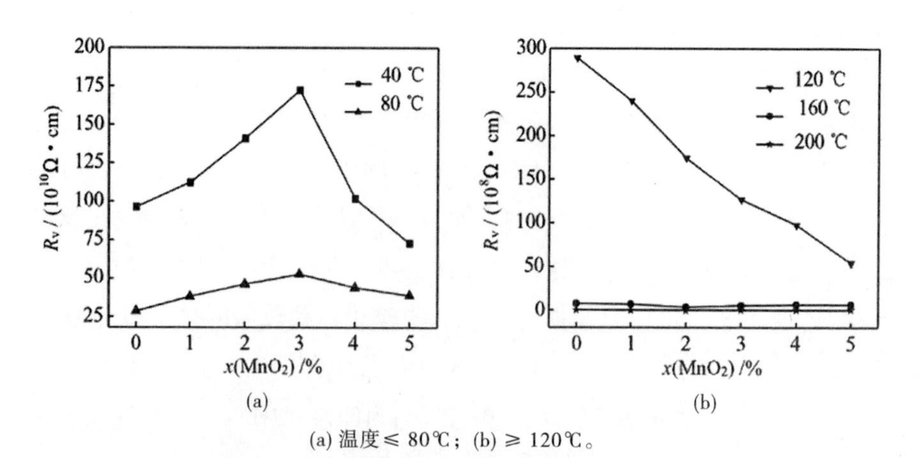

(a) 温度≤ 80℃；(b) ≥ 120℃。

图 4-25　不同温度下 M 系列玻璃 R_v 的变化

⑨ MnO_2 掺入对介电常数、流散性的影响

电解质的介电常数是指电容器二个极板间，用欲测定的介质玻璃来填充时所得电容量 C_x 与其间为真空时的电容量 C 之比，即

$$\varepsilon = C_x / C \tag{4-1}$$

式（4-1）中，ε 为介电常数，表示该介质中空间电荷互相作用减弱的程度，它的大小主要取决于所用玻璃电介质的种类和性质。当用作高频绝缘材料时，ε 必须足够小，特别是用于高压绝缘时；而在制造高电压容器时，则要求 ε 要大，特别是小型电容器。

根据电学理论，ε 与电介质极化度 a 的关系是：$\varepsilon=1+4\pi\alpha$，因此介质的极化度越大，其介电常数越大。

图 4-26 为 M 系列玻璃样品的介电常数 ε 随 MnO_2 的变化曲线，测试频率点为 79.5 kHz，从图中可知，ε 的变化先减小继而增大。当 $MnO_2 < 3$ mol% 时，掺入的 MnO_2 填充于玻璃的网络空隙中，对低价离子的迁移产生压抑效应，从而使低价离子的迁移活化能增高，导致 ε 减小；当掺入 $MnO_2 \geqslant$ 3mol% 时，此时的 MnO_2 主要作为网络修饰体存在，降低了玻璃网络结构的致密性，致使玻璃的网络空隙增大，对低价离子的压抑减弱，使其迁移活化能减少，因而此时 ε 增大。

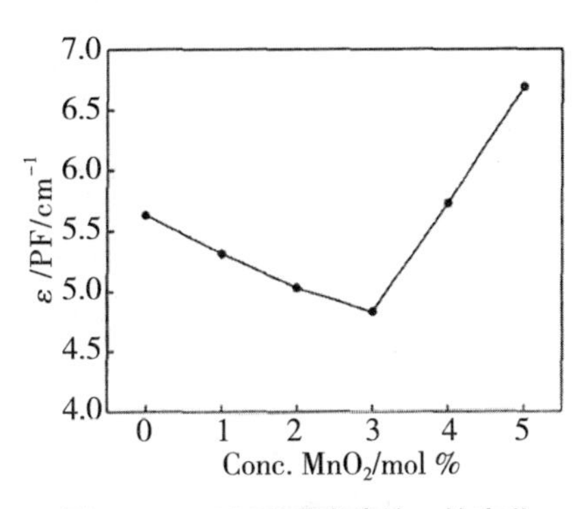

图 4-26　M 系列玻璃的 ε 的变化

封接玻璃在烧结熔融状态下，熔融的玻璃体与被熔封的材质的接触面应具有良好的润湿性，通常采用玻璃液滴浸润角的大小来表示，

但对于结晶型封接玻璃而言，其在烧结加热的过程中由于玻璃的析晶过多过快而导致玻璃粉或封接件失去流动性，所以对于结晶型封接玻璃常采用流散性来衡量。本书研究的 $ZnO-B_2O_3-P_2O_5-R_nO_m$ 玻璃系统为结晶型封接玻璃，因而用“纽扣试验”以测定玻璃的流散性来衡量其流动性能的变化，相对直径越大，流散性就越好。

由图 4-27 可知，M 系列玻璃试样在 550 ℃保温 15 min 后开始摊开，随着温度的升高，玻璃样品的流散性不断提高，当温度升到 600 ℃时，玻璃试样完全摊开，表明掺入 MnO_2 后流散性能有显著的提高，主要原因是掺入少量的 MnO_2 能降低磷酸盐玻璃的转变温度，其中 M3 的流散性最佳，表明掺入 MnO_2=3 mol% 对玻璃的转变温度的降低最多。

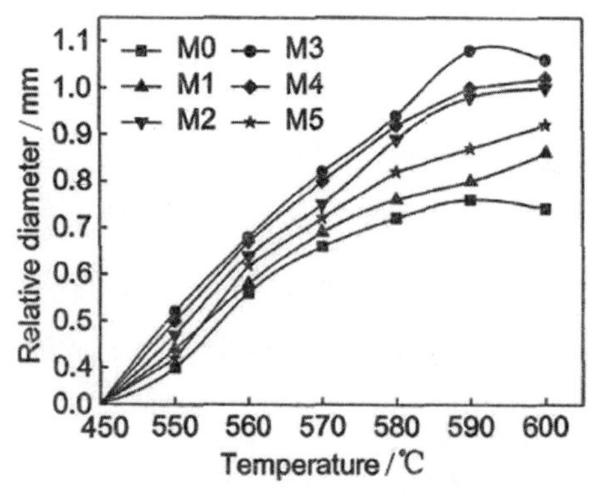

图 4-27　M 系列玻璃的流散性的变化

通过改变 $P_2O_5-ZnO-B_2O_3-R_nO_m$ 系玻璃中 MnO_2 的含量，得到一系列组分不同的玻璃样品，并对其微观结构、热学性能、耐水性及电性能进行了探究，所得结论如下。

a. 掺入 MnO_2 后，玻璃中 O–P–O 键的对称伸缩振动、P–O–P 键的不对称伸缩振动、O–P–O 键的弯曲振动和 Zn–O 键的伸缩振动的共同作用加强，在 P–O–P 键的长链中夹杂了 P–O–Mn–O–P 键的组合单元，以及部分化学稳定性较弱的 P–O–B 键被具有较高抗水解能力的 P–O–

Mn 键取代，部分 P=O 双键转化为 O-P-O 键和 P-O-P 键，NMR 研究表明部分 Mn 离子参与了玻璃的网络结构，破坏了部分 Q1 基团。

b. XRD 研究表明，加入 MnO_2 后，晶相 BPO_4 的衍射峰较之前显著增强，但是随着 MnO_2 的掺入量越来越多，其强度不断减弱，$Zn_2P_2O_7$ 一直作为主晶相存在，随着 MnO_2 掺入量的不断增多，其衍射峰强度也在减弱；当 $MnO_2 \geq 3$ mol% 时，样品基本上致密化，其内部微观结构结合更加致密。

c. DTA 研究表明，T_g 在掺入 MnO_2 后有明显的降低，在 MnO_2=3 mol% 时 T_g 的值最小，同时有新晶相 BPO_4 的出现，其生成的量随 MnO_2 掺入量的增多而减少。M 系列 α 的变化趋势与 T_g 的变化趋势一致，而 ρ 的变化与 T_g 相反。

d. 掺入 MnO_2 后耐水性有显著的提高，在 MnO_2=3 mol% 时的效果最佳，主要是 P-O-Mn 键水解后富含锰离子的胶体仍留在玻璃的表面，在玻璃表面形成一层具有保护作用的胶状富锰层，阻止水对玻璃内部的进一步侵蚀。同时研究了磷酸盐体系玻璃在加入 MnO_2 后 Mn 离子参与玻璃的网络结构，烧结后生成晶体 $MnPO_4$，由于表面张力的作用，烧结后 $MnPO_4$ 均匀分布在表面，遇到外界的水分而生成 $Mn_2P_2O_7$"膜层"，从而形成一层与玻璃内部组成相异的、稳定的"保护膜层"。

e. 温度≤ 80 ℃时，M 系列的 R_v 先增大继而减小，温度> 120 ℃时，R_v 的值相差较小，和其化学组成、MnO_2 含量无明显的对应关系，此时 R_v 的变化主要取决于温度的变化。介电常数 ε 的变化是先减小继而增大，主要是由低价离子迁移活化能的变化导致的。掺入 MnO_2 后玻璃的流散性能有了显著的提高，其中 M3 的流散性最佳，表明掺入 MnO_2=3 mol% 时对玻璃的转变温度的降低最为明显。

（2）Fe_2O_3 掺入对磷酸盐体系玻璃结构和性能的影响。

① 玻璃组成

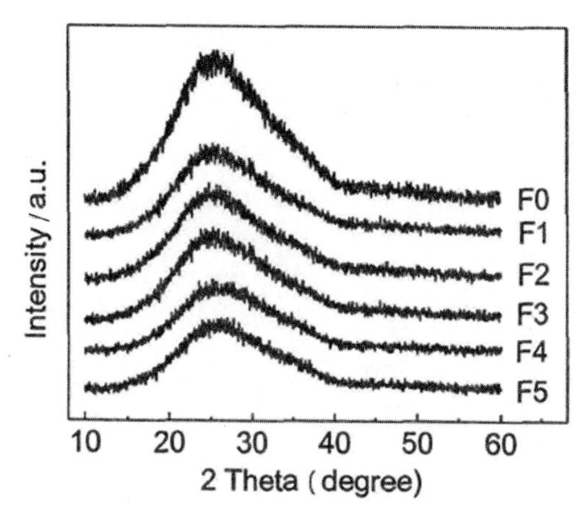

图 4-28　F 系列玻璃的 XRD 图谱

本实验是在大量实践的基础上，选取 F0 号试样作为基本配方，在此配方的基础掺入 1 mol%~5 mol% 的 Fe_2O_3，组成 F 系列玻璃样品。XRD 测试表明，玻璃熔制后均能形成良好的玻璃态，其 XRD 图谱如图 4-28 所示，试验编号与玻璃组成如表 4-5 所示。

表 4-5　试验编号与玻璃组成　　单位：mol%

编号 组成	P_2O_5	B_2O_3	ZnO	R_nO_m	Fe_2O_3
F0	35	10	45	10	0
F1	35	10	44	10	1
F2	35	10	43	10	2
F3	35	10	42	10	3
F4	35	10	41	10	4
F5	35	10	40	10	5

Fe_2O_3 为红褐色粉末，能使玻璃着成黄色，Fe 离子有二价和三价两种价位存在，在玻璃熔制的过程中，由于氧气的存在发生如下的价位转变：

$$4Fe^{3+}(melt)+2O^{2-}(melt) \rightarrow 4Fe^{2+}(melt)+O_2(gas)$$

玻璃中 Fe_2O_3 含量的增加明显可以使玻璃在去离子水中的溶解速度变慢，可使玻璃中的氧离子摩尔体积降低，有利于提高玻璃结构的紧密性，但 Fe_2O_3 增多也会降低玻璃的形成能力。

② 红外光谱研究 Fe_2O_3 对玻璃结构的影响

F 系列样品的红外吸收光谱图如图 4-29 所示。

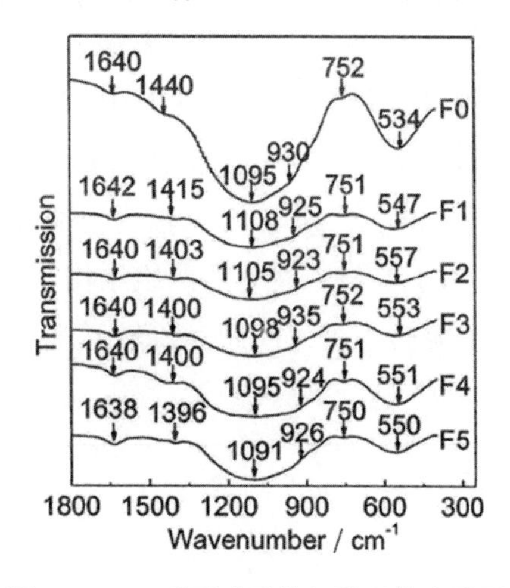

图 4-29 F 系列玻璃的红外吸收光谱图

对于 F0 号玻璃，位于 1640 cm^{-1}、1440 cm^{-1}、1095 cm^{-1}、930 cm^{-1}、752 cm^{-1} 和 534 cm^{-1} 处的 6 个主要吸收峰分别归属于 AlH_4 离子基团的振动、$B_2O_7^{2-}$ 基团中的 B-O-B 键的不对称伸缩振动、O-P-O 键的对称伸缩振动、P-O-P 键的不对称伸缩振动、P-O-P 键的对称伸缩振动、O-P-O 键的弯曲振动和 Zn-O 键的伸缩振动的共同作用。随着 Fe_2O_3 的加入及加入量的增多，在 P-O-P 键的长链中夹杂了 P-O-Fe-O-P 键的组合单元，以及部分化学稳定性较弱的 P-O-B 键被具有较高抗水解能力的 P-O-Fe 键所取代，发生如下反应：

$$P-O-B+Fe_2O_3 \rightarrow P-O-Fe^{3+}+B-O-Fe^{3+}+O_2 \uparrow$$

Fe_2O_3 的加入使得磷酸盐玻璃结构中一些不稳定双键氧（P=O）变成桥氧（P–O），提高了 P–O–P 键和 P–O–B 键等主要链之间的空间交叉密度。1640 cm^{-1} 处 AlH_4 离子基团的吸收峰变化不大是由于 $Al(OH)_3$ 的含量不变的缘故，1440 cm^{-1} 处吸收峰的强度略微增强，说明部分玻璃网络结构体由硼氧四面体 $[BO_4]$ 转变为硼氧三面体 $[BO_3]$，由于玻璃体中带双键的磷氧四面体减少，所以 1095 cm^{-1}、752 cm^{-1} 和 534cm^{-1} 处的强度增大，玻璃中 O–P–O 键的对称伸缩振动、P–O–P 键的对称伸缩振动、O–P–O 键的弯曲振动和 Zn–O 键的伸缩振动的共同作用加强，同时部分 P =O 双键转化为 O–P–O 键和 P–O–P 键。

③ 核磁共振研究 Fe_2O_3 对玻璃结构的影响

图 4-30 是 F 系列玻璃结构中 31P 的 NMR 图谱，图中玻璃中的磷元素在 –13ppm 到 –17ppm 处存在一个特征信号峰，所对应的磷的结构单元为焦磷酸根基团（$PO_{3.5}^{2-}$，Q1），其信号峰强度随着 Fe_2O_3 的增多而减弱，说明部分 Fe 离子参与了玻璃的网络结构，破坏了部分 Q1 基团，除 Q1 峰外其他峰均为旋转边带，间距为旋转频率。

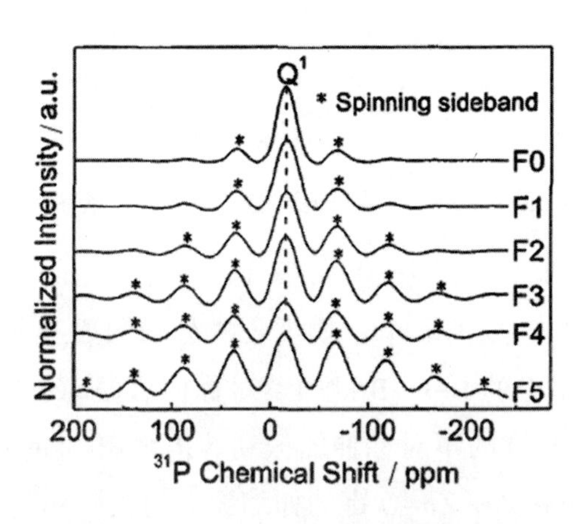

图 4-30　F 系列玻璃的核磁共振图谱

④ X 射线衍射研究 Fe_2O_3 对玻璃结构的影响

F 系列玻璃样品在 700 ℃下保温 10h 的 XRD 图谱如图 4-31（a）所示，F0 和 F5 在 500 ℃、600 ℃和 700 ℃热处理条件下的 XRD 图谱如图 4-31（b）所示。在图 4-31（a）中，试样 F0~F5 的 XRD 图谱中衍射峰慢慢发生了变化，主要变化是掺入 Fe_2O_3 后晶相 BPO_4 的衍射峰显著增强，但是其强度随着 Fe_2O_3 掺入量的增多而减弱，BPO_4 的增多使磷酸盐原有的层状（或链状）结构转变为架状结构，能改善晶化后的玻璃的化学稳定性、机械强度和热稳定性，提高了封接后的气密性，经 F2 号玻璃实验验证，封接界面熔结良好、无气泡、无裂纹。$Zn_2P_2O_7$ 一直作为主晶相存在，随着 Fe_2O_3 掺入量的不断增多，其衍射峰强度减弱，此外还有少量晶相 $AlPO_4$ 的生成。图 4-31（b）中，在 500 ℃时没有衍射峰出现，在 600 ℃和 700 ℃时出现了明显的衍射峰，且这些衍射峰的强度随温度的上升变化较大，在 700℃时的衍射峰强度最为显著，表明在 700 ℃下保温 10 h 的热处理条件下，样品的结晶程度较高。

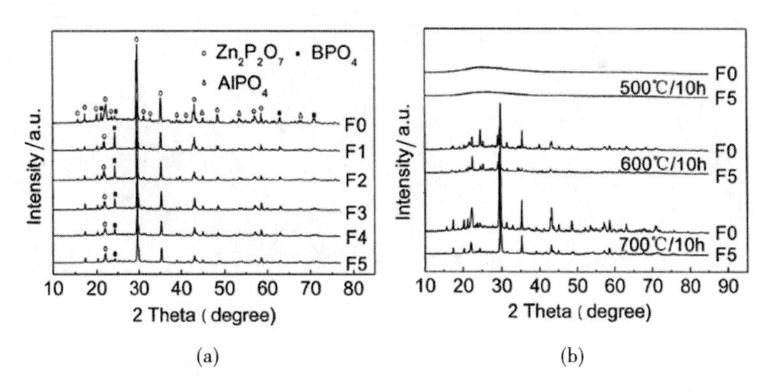

（a）F 系列的 XRD 图谱；（b）F0、F5 在不同温度下的 XRD 图谱。

图 4-31　F 系列玻璃在不同温度下的 XRD 图谱

⑤ 扫描电镜及能谱研究 Fe_2O_3 对玻璃结构的影响

图 4-32 为 700℃下保温 10h 后 F 系列玻璃样品断口的 SEM 照片，在 M0 号中，可以清晰地看到磷酸盐体系玻璃网络结构的层状结构，随着 Fe_2O_3 掺入量的增多，使磷酸盐体系玻璃的层状结构转变为架状结构，玻璃样品内部的气孔率及内部缺陷逐渐降低。当 $Fe_2O_3 \geqslant 2$ mol% 时，样品的气孔率和内部缺陷降到较低的水平（F_3 和 F_5），样品基本上致

密化，形成分布较均匀的均一相，其内部微观结构结合更加致密，表明掺入 Fe_2O_3 后对磷酸盐体系玻璃的化学稳定性、机械强度、热稳定性以及封接后的气密性能的提高都是非常有利的。

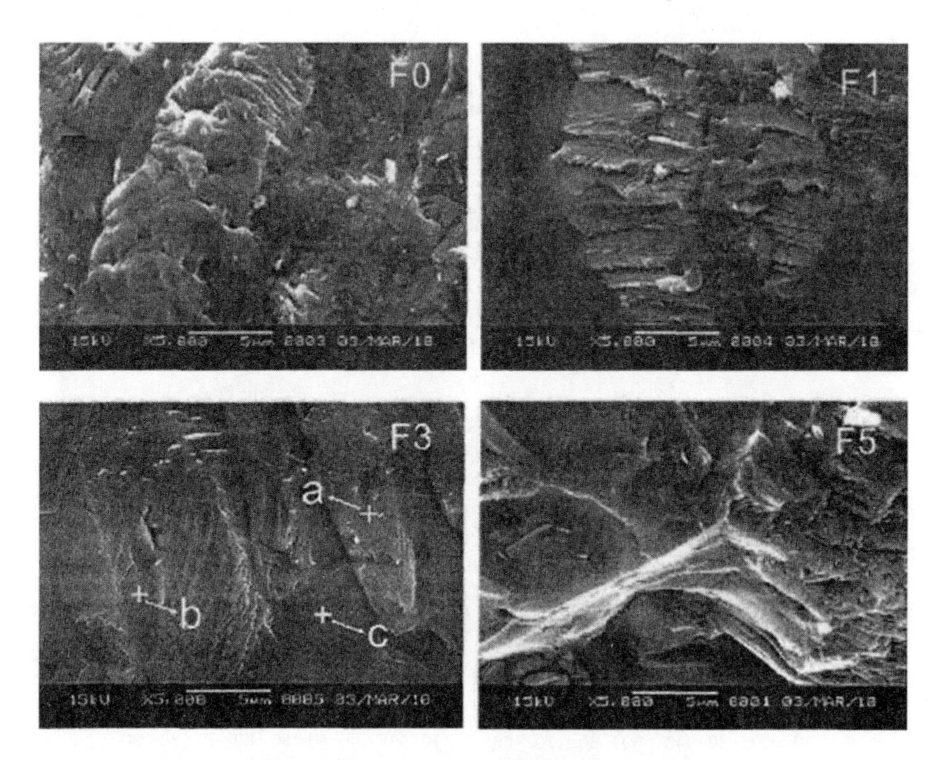

图 4-32　晶化后 F 系列玻璃横截面的 SEM 图

图 4-33 中 a、b 和 c 分别为 F3 号样品中浅灰色相、接合相和深灰色相的 EDS 图，各测试点的元素含量如表 4-6 所示。

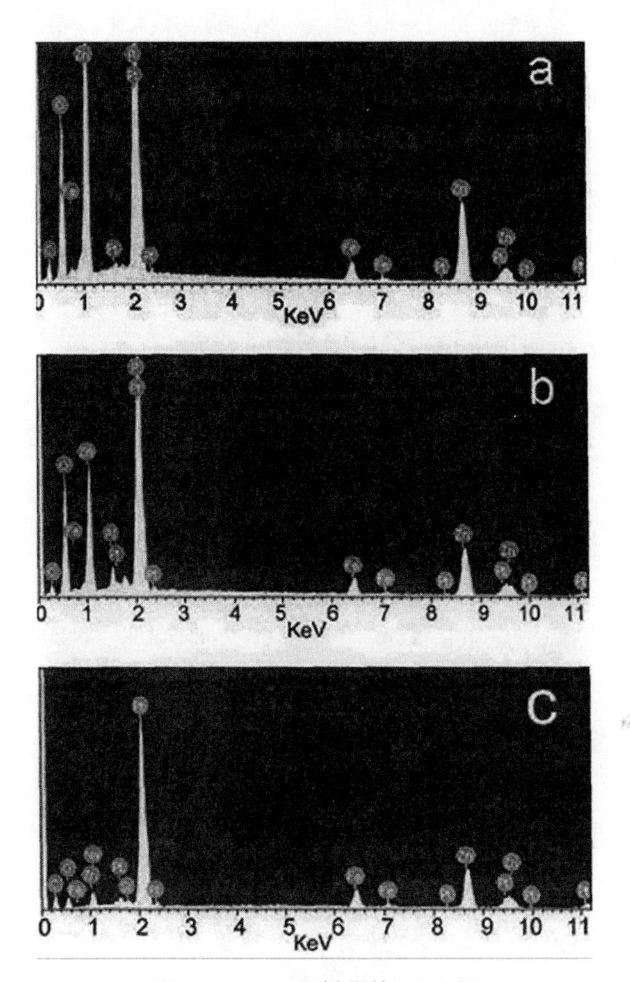

图 4-33　F3 号样品的 EDS 图

表 4-6　元素含量　单位：mol%

元素 测试点	a	b	c
P	3.41	10.13	8.66
Zn	12.45	5.99	6.22
Fe	2.48	0.94	0.68
Al	0	1.21	0
O	81.66	81.73	84.44

通过对比可以发现，a 处含有较多的 Fe 和 Zn 元素，表明 Fe 离子主要分布在浅灰色相区域，在 a 区域内形成了较多的 P-O-Fe 键，同时 a 处晶相 $Zn_2P_2O_7$ 的含量较高（相对于 b、c 处）；b、c 处 P 元素的含量较高，说明 b、c 处晶相 BPO_4 和 $Zn_2P_2O_7$ 的含量较高；Al 元素全部分布在 b 处，说明晶体 $AlPO_4$ 全部分布在 b 处，P-O-Al 键全部形成于 b 区域。

⑥ 差热分析研究 Fe_2O_3 对玻璃结构的影响

图 4-34 为 F 系列玻璃样品的 DTA 及 T_g 曲线图，玻璃的转变温度 T_g 在掺入 Fe_2O_3 后有明显的降低，其变化过程可分为两个阶段：第一阶段，当 $Fe_2O_3 \leqslant 2$ mol% 时，T_g 随 Fe_2O_3 的增多而降低，此时的 Fe_2O_3 主要起到网络形成体的作用，铁离子由于半径较大，作为网络填充离子填充于玻璃的网络结构中，可以增加磷酸盐体系玻璃层状结构的平移滑动性，使得 T_g 降低，不断增加 Fe_2O_3 的掺入量，这种变化会更加明显；在第二阶段，当 $Fe_2O_3 > 2$ mol% 时，此时的 Fe_2O_3 可以起到玻璃网络结构修饰体的作用，使磷酸盐玻璃网络结构的稳定性增强，但玻璃网络结构的致密性随着 Fe_2O_3 掺入量的增多而有所降低，因而 T_g 略有升高。此外，从图 4-34 我们可以观察到 Fe_2O_3 掺入前后样品的结晶峰温度（T_{c1}、T_{c2}）的变化，F0 只观察到 T_{c1}，未见 T_{c2}，表明 F0 仅存在一个主晶相；而当掺入 Fe_2O_3 后，出现了新的结晶峰温度 T_{c2}，表明此时出现了新的晶相，通过 XRD 研究可知，新出现的晶相为 BPO_4，其生成的量随 Fe_2O_3 掺入量的增多而减少，因而 F5 样品的 T_{c2} 放热峰面积较小，说明此时的析晶趋势较弱。

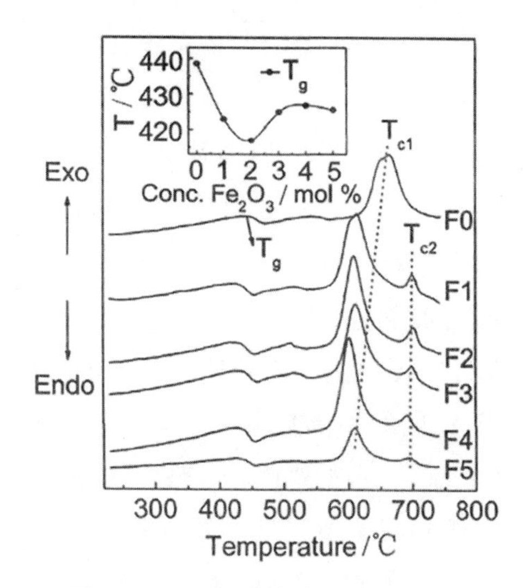

图 4-34 F 系列玻璃的 DTA 图谱

⑦ Fe_2O_3 掺入对热膨胀系数、密度的影响

图 4-35 为 F 系列玻璃中掺入 Fe_2O_3 后热膨胀系数 α 和密度 ρ 的变化曲线。

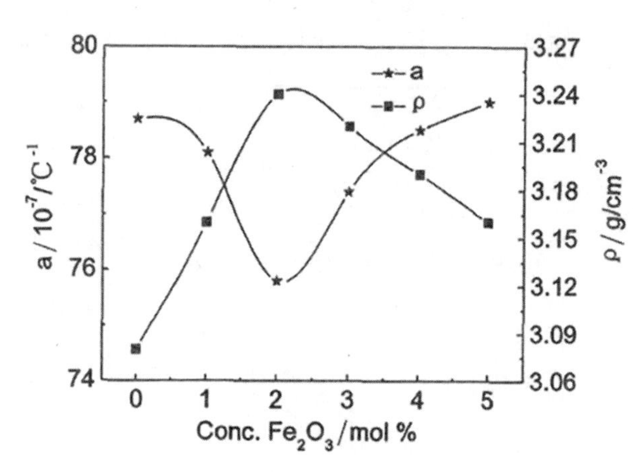

图 4-35 F 系列玻璃的 α 和 ρ 的变化

由图 4-35 可知，α 的变化趋势与 T_g 的变化趋势一致，而 ρ 的变化与 T_g 的变化趋势恰恰相反。当 $Fe_2O_3 \leqslant 2$ mol% 时，Fe_2O_3 主要起到网络形成体的作用，作为网络填充离子填充于磷酸盐玻璃的网络结构中，可以有效降低玻璃中游离氧的含量，使得玻璃网络结构的致密性提高，

玻璃由层状结构向架状结构转变，因而 α 降低而 ρ 升高；当 $Fe_2O_3 > 2$ mol% 时，Fe_2O_3 主要作为玻璃网络修饰体存在参与玻璃的网络结构，可以使玻璃的网络结构稳定性有所增强，但随着 Fe_2O_3 掺入量的增多，玻璃的网络结构的致密性有所降低，因而 α 升高而 ρ 降低。

⑧ Fe_2O_3 掺入对化学稳定性、体积电阻率的影响

图 4-36 为 F 系列玻璃样品在去离子水中的失重百分比与浸泡时间的关系变化。掺入 Fe_2O_3 后，在前 1 个小时内由于样品表面缺陷的原因失重较大，此后玻璃的失重基本上是匀速侵蚀的过程。Fe_2O_3 的掺入极大地提高了磷酸盐体系玻璃的耐水性，由于掺入 Fe_2O_3 的量小于 2 mol% 时，Fe_2O_3 主要起到玻璃网络形成体的作用，此时的铁离子作为网络填充离子，以及部分化学稳定性较弱的 P–O–B 键被具有较高抗水解能力的 P–O–Fe 键取代，同时掺入 Fe_2O_3 使磷酸盐玻璃中的部分不稳定双键氧（P=O）变成桥氧（P–O），提高了 P–O–P 键和 P–O–B 键等主要链之间的空间交叉密度。此外，当 P–O–Fe 键水解后铁离子仍留在玻璃的表面，在玻璃表面形成一层具有保护作用的胶状富铁层，阻止水对玻璃内部的进一步侵蚀，从而使耐水性得到极大的提高。

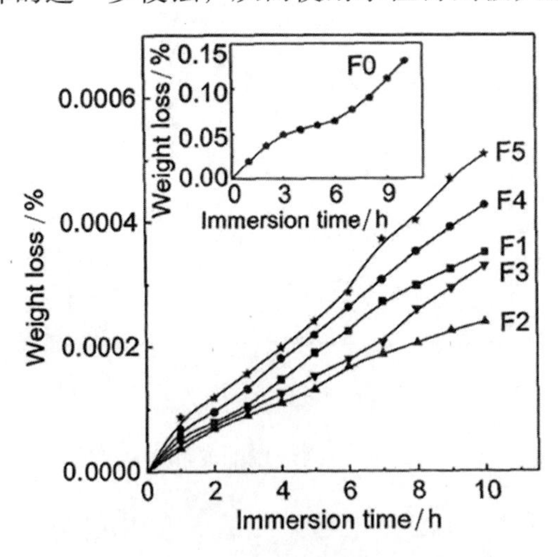

图 4-36　F 系列玻璃的失重百分比变化

在磷酸盐体系玻璃中掺入 Fe_2O_3，可以有效降低游离氧的含量，

使得玻璃网络结构的致密性提高，玻璃由层状结构向架状结构转变，因而极大地提高了玻璃的耐水性。在磷酸盐玻璃中 Fe_2O_3 的掺入量为 2 mol% 时，此时的玻璃的耐水性的提高最为显著。当 $Fe_2O_3 > 2$ mol% 时，Fe_2O_3 主要作为玻璃网络修饰体存在，可以使玻璃的网络结构稳定性有所增强，但随着 Fe_2O_3 掺入量的增多，玻璃的网络结构的致密性有所降低，因而，此时的耐水性能与 Fe_2O_3 的量为 2 mol% 时相比有所降低。

由此推断 Fe_2O_3 参与磷酸盐体系玻璃的网络结构如图 4-37 所示。

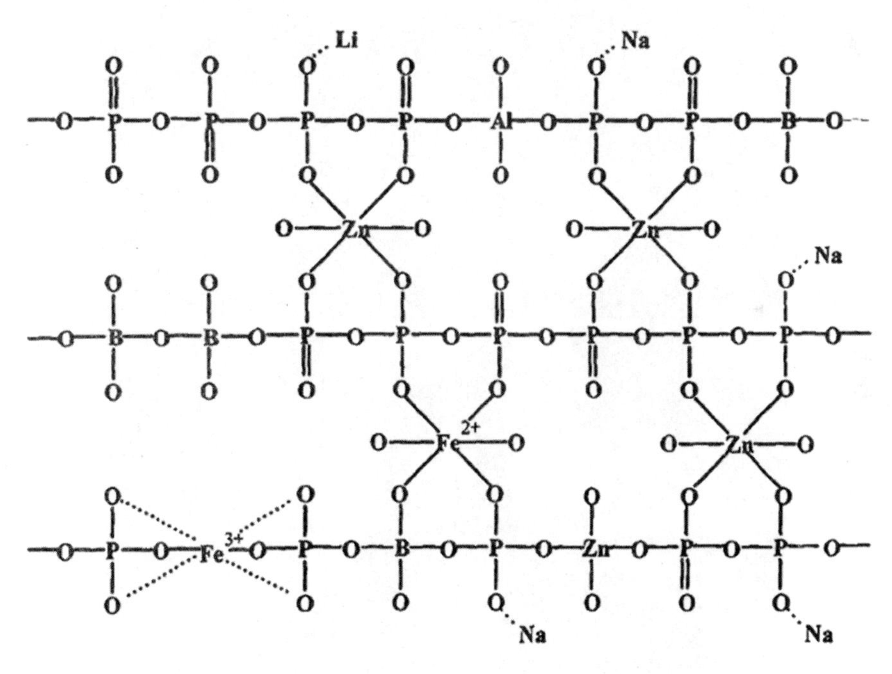

图 4-37　Fe_2O_3 参与磷酸盐体系玻璃的网络结构图

图 4-38 为样品受 90℃水侵蚀不同时间后的表面形貌照片。

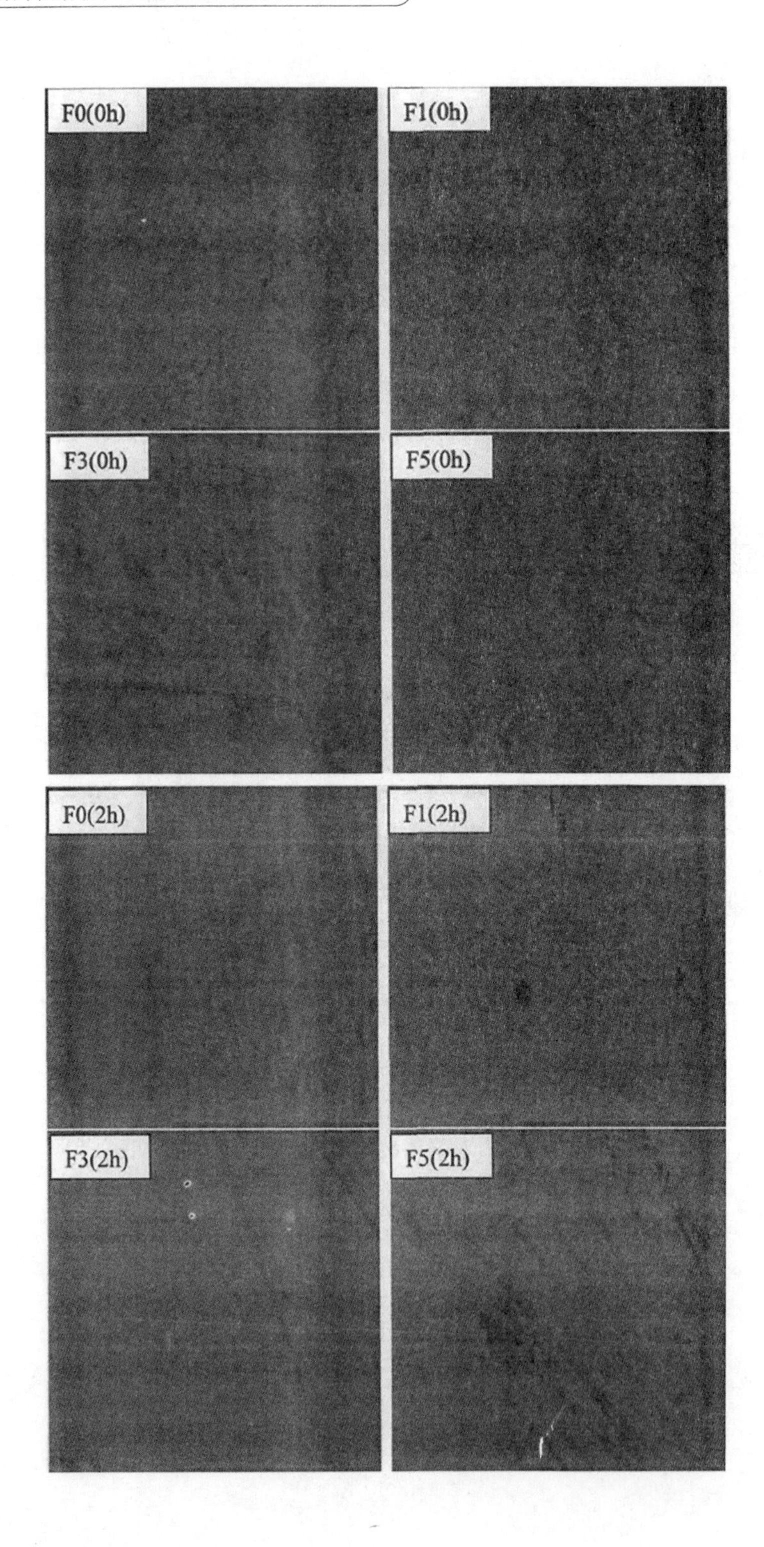
F0(0h)
F1(0h)
F3(0h)
F5(0h)
F0(2h)
F1(2h)
F3(2h)
F5(2h)

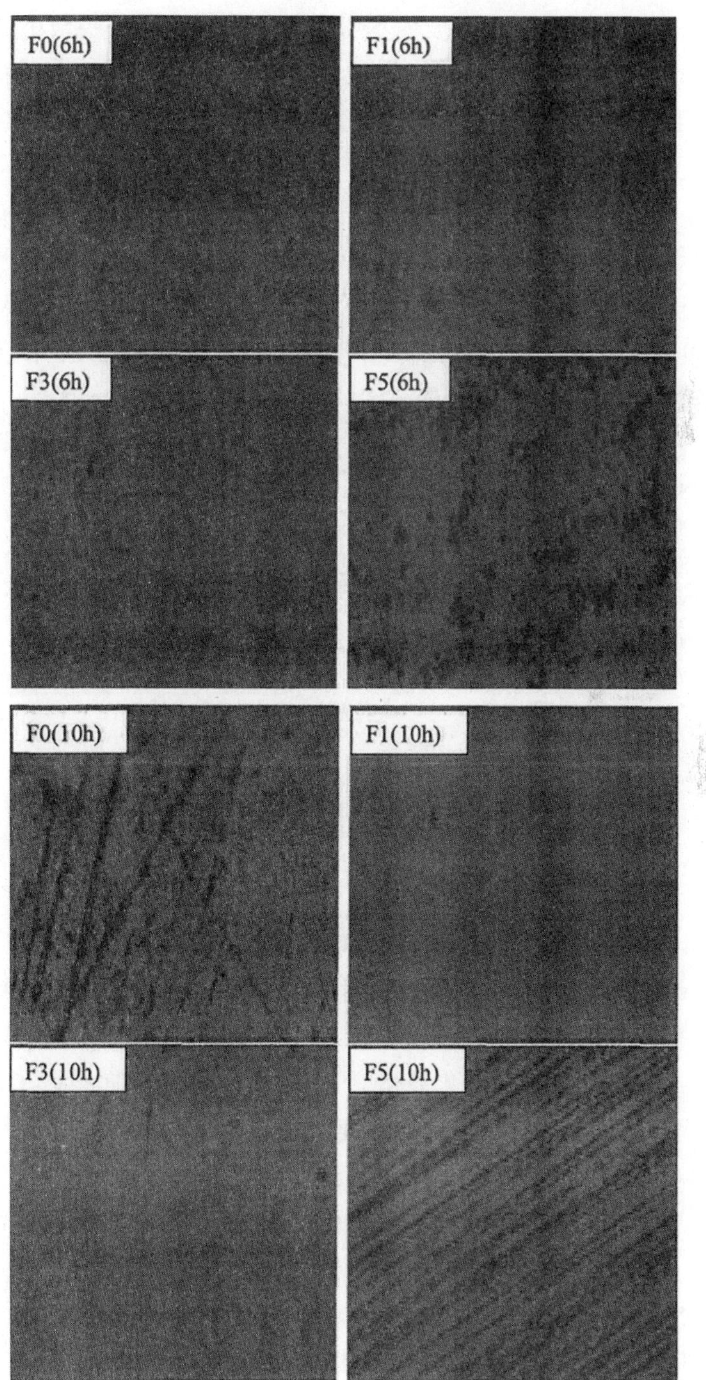

图 4-38　F0、F1、F3、F5 号样品受 90 ℃水侵蚀不同时间后的表面形貌照片(400×)

由图 4–38 可以看出，玻璃本身表面上就分布了一些微小的孔洞及少量细小的微裂纹。随着时间的推移，玻璃不断溶解，玻璃表面的侵蚀坑数目越来越多，侵蚀坑的尺寸也不断变大。在 2 h 的时候，玻璃表面的各个侵蚀坑彼此相互连接，其表面的一些易溶物质受到较为明显的侵蚀，水分子沿着细小的微裂纹进入玻璃内部，加快了玻璃向水中溶解，因此侵蚀坑明显变大加深。到 6 h 的时候，玻璃表面的侵蚀坑已经呈现出线状相互连接，侵蚀坑的大小也发生了变化，一些大的侵蚀坑变得更大，而一些小的则消失不见。当受水侵蚀达到 10 h 后，玻璃表面的线状侵蚀坑变宽并加深，线状侵蚀坑也逐渐增多。

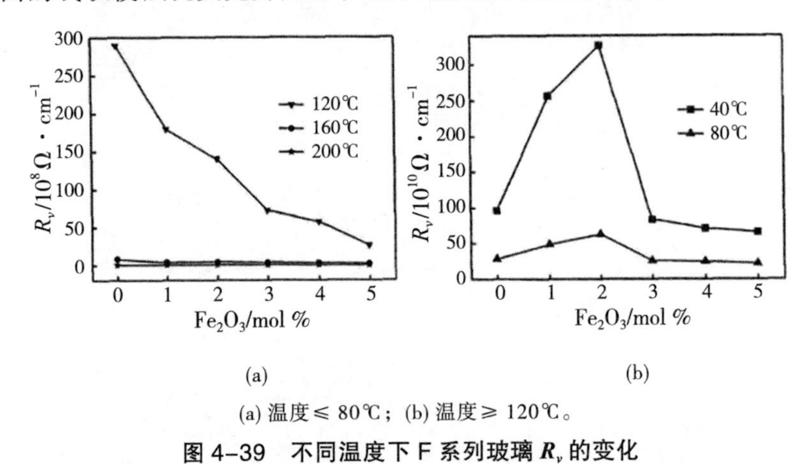

(a) 温度≤ 80℃；(b) 温度≥ 120℃。

图 4–39　不同温度下 F 系列玻璃 R_v 的变化

图 4–39 是不同温度下 F 系列玻璃样品的体积电阻率 R_v 的变化曲线，当温度≤ 80 ℃且 Fe_2O_3 含量较低时，R_v 随 Fe_2O_3 的增多而增大，此时 Fe 离子填充于玻璃的网络空隙中，对一价离子的迁移产生压抑效应，从而使一价离子的迁移活化能增高，导致 R_v 增高；随着 Fe_2O_3 的增多（Fe_2O_3 ≥ 2 mol% 时），Fe_2O_3 主要起到玻璃网络修饰体的作用，降低了玻璃网络结构的致密性，致使网络空隙增大，对一价离子的压抑减弱，使其迁移活化能减少，因而此时 R_v 减小。当温度为 120 ℃时，R_v 随 Fe_2O_3 的增多而减小。当温度＞ 120 ℃时，6 个样品的体积电阻率 R_v 的值相差较小，和其化学组成、种类、Fe_2O_3 含量无明显的对应关系，由于体积电阻率的数量级较大，可以认为此时 R_v 的变化主要取决于温度的变化。

⑨ Fe_2O_3 掺入对介电常数、流散性的影响

图 4–40 为 F 系列玻璃样品的介电常数 ε 随 Fe_2O_3 的变化曲线，测试频率点为 79.5 kHz，从图中可知，ε 的变化先减小继而增大，当 $Fe_2O_3 < 2$ mol% 时，掺入的 Fe_2O_3 填充于玻璃的网络结构空隙中，对低价离子的迁移产生压抑效应，促使低价离子的迁移活化能增高，导致 ε 减小；当掺入的 $Fe_2O_3 \geq 2$ mol% 时，此时的 Fe_2O_3 主要起到玻璃网络结构修饰体的作用，降低了玻璃网络结构的致密性，致使玻璃的网络空隙增大，对低价离子的压抑减弱，使其迁移活化能减少，因而此时 ε 的值增大。

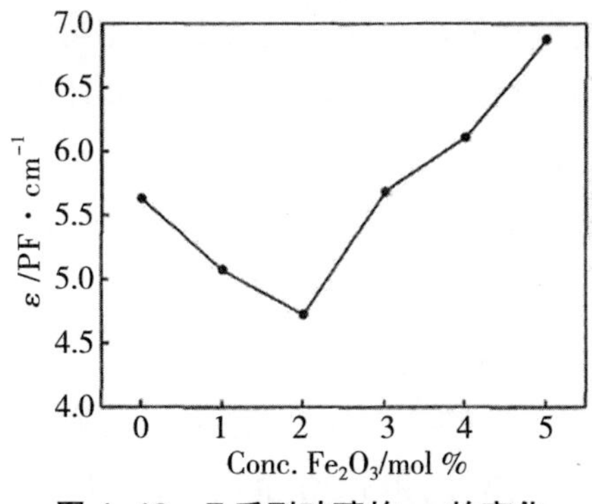

图 4–40　F 系列玻璃的 ε 的变化

由图 4–41 可知，F 系列玻璃试样在 550 ℃保温 15 min 后开始摊开，随着温度的升高，玻璃样品的流散性不断提高，当温度升到 600 ℃时，玻璃试样完全摊开，表明掺入 Fe_2O_3 后流散性能有显著的提高，主要原因是掺入少量的 Fe_2O_3 能降低磷酸盐体系玻璃的转变温度，其中 F2 号玻璃的流散性最佳，表明掺入 Fe_2O_3=2 mol% 对玻璃的转变温度的降低最多。

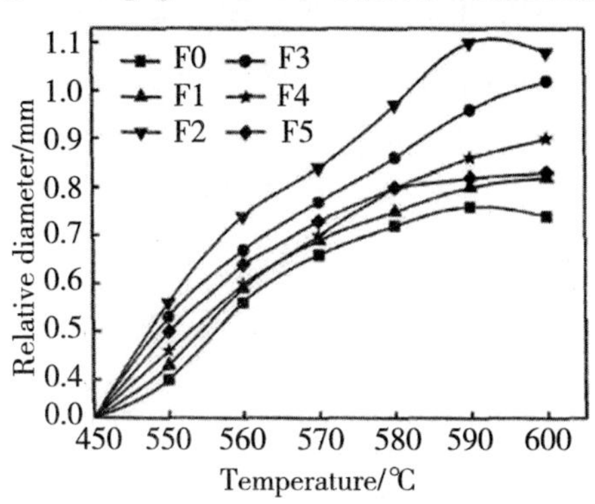

图 4–41　F 系列玻璃的流散性的变化

通过改变 P_2O_5-ZnO-B_2O_3-R_nO_m 系玻璃中 Fe_2O_3 的含量，得到一系列组分不同的玻璃样品，并对其微观结构、热学性能、耐水性及电性能进行了探究，所得结论如下。

a. 掺入 Fe_2O_3 后，玻璃中 O-P-O 键的对称伸缩振动、P-O-P 键的不对称伸缩振动、O-P-O 键的弯曲振动和 Zn-O 键的伸缩振动的共同作用加强，同时部分 P=O 双键转化为 O-P-O 键和 P-O-P 键。在 P-O-P 键的长链中生成了 P-O-Fe-O-P 键的组合单元，以及部分化学稳定性较弱的 P-O-B 键被具有较高抗水解能力的 P-O-Fe 键取代，NMR 研究证明了部分 Fe 离子参与了玻璃的网络结构，破坏了部分 Q1 基团。

b. XRD 研究表明，$Zn_2P_2O_7$ 作为主晶相存在，其衍射峰强度随着 Fe_2O_3 掺入量的增多而减弱，掺入 Fe_2O_3 后晶相 BPO_4 的衍射峰显著增强，但是其强度随着 Fe_2O_3 掺入量的增多而减弱；当 $Fe_2O_3 > 2$ mol% 时，样品基本上致密化，其内部微观结构结合更加致密。

c. DTA 研究表明，T_g 在掺入 Fe_2O_3 后有明显的降低，在 Fe_2O_3=2 mol% 时 T_g 的值最小，同时有新晶相 BPO_4 的出现，其生成的量随 Fe_2O_3 掺入量的增多而减少。F 系列 α 的变化趋势与 T_g 的变化趋势一致，而 ρ 的变化与 T_g 的变化恰恰相反。

d. 掺入 Fe_2O_3 后耐水性有显著的提高，掺入 Fe_2O_3 后在前 1 个小时内由于样品表面缺陷的原因失重较大，此后玻璃的失重基本上是匀速侵蚀的过程，在 Fe_2O_3=2 mol% 时的效果最佳，主要是 P-O-Fe 键水解后富含铁离子的胶体仍留在玻璃的表面，在玻璃表面形成一层具有保护作用的胶状富铁层，阻止水对玻璃内部的进一步侵蚀，从而使耐水性得到极大的提高。

e. 温度≤ 80 ℃时，F 系列的 R_v 先增大继而减小，温度> 120℃时，R_v 的值相差较小，和其化学组成、种类、Fe_2O_3 含量无明显的对应关系，其变化主要受到温度的影响。介电常数 ε 的变化是先减小继而增大，主要是由低价离子迁移活化能的变化导致的。掺入 Fe_2O_3 后玻璃的流散性能有显著的提高，且当 Fe_2O_3 掺入量为 2 mol% 时，对玻璃的转变温度的降低最为明显。

第5章　其他体系低熔点封接玻璃

5.1 硼硅酸盐体系低熔点封接玻璃

硼硅酸盐体系玻璃以 SiO_2、B_2O_3、Na_2O 为基本成分，其中 $SiO_2 >$ 78%，$B_2O_3 >$ 10% 的硼硅酸盐体系玻璃称为高硼玻璃。硼硅酸盐体系玻璃本身具有超强的耐高温性能，多用于耐热和防火玻璃，这是因为其热膨胀系数极低，且软化点较高，德国的肖特玻璃厂生产的防火玻璃产品 Pyrans 就是单片硼硅酸盐防火玻璃的典型代表。此外，该类玻璃有很强的可见光透过率（≥ 90%）、良好的化学稳定性等，在航空、照明、仪器等领域应用也十分广泛。

在普通的钠钙硅玻璃中加入 Al_2O_3 可以提高玻璃的一些性能，这是由于 Al 可以与玻璃中的自由氧结合。但是，Al 和 B 在硼硅酸盐体系玻璃中有两种不同的配位形式，Al 以 [AlO_4] 和 [AlO_6] 两种形式存在，B 以 [BO_3] 和 [BO_4] 的配位多面体的形式存在，由于 B_2O_3 和 Al_2O_3 同时存在于玻璃中，会导致出现“硼 - 铝反常”的现象。因此与钠钙硅玻璃完全不同，在硼硅酸盐体系玻璃中，由于硼的氧化物的存在，Al_2O_3 对玻璃结构和性能的影响是完全不同的，甚至会起到相反的作用。

本节主要探究在硼硅酸盐体系玻璃体系中，加入 Al_2O_3 对其结构和性能的影响，同时讨论随着 Al_2O_3 的增加，对该玻璃黏度、热膨胀特性、化学稳定性的影响。

5.1.1 实验内容

由于考虑到 B_2O_3 和 R_2O 的挥发性，所以实际组成接近设计组成。

本实验所用原材料均为化学级，澄清剂为用 1.01 wt% 的氯化钠。准确称量 300 g 原料混合均匀后放入 300 mL 铂金坩埚中，然后将混合物放入熔化炉中（温度 1450 ℃，升温速度 3 ℃ /min），1620 ℃熔化澄清 6 h，熔体倒入预热的石墨模具，浇筑成型成块状玻璃样品，然后放入 600 ℃炉中退火 1 h 后随炉冷却至室温。玻璃样品无肉眼可见气泡，透明均匀，无明显分相析晶现象。玻璃被切成 4 mm ×4 mm ×25.40 mm 的形状，使用 DIL2012STD 膨胀仪（美国）测试玻璃的热膨胀系数曲线。称取 220 g 碎玻璃粉末样品，使用 RSV-1600 高温旋转黏度测量仪对其进行高温黏度测试。将玻璃样品制成粉末，采用压片法用傅里叶变换红外光谱仪进行玻璃红外光谱用测试，消除玻璃粉末的浓度对压片的影响，其扫描波数范围为 400 ~ 4000 cm^{-1}。运用表面法，将样品切割成规则形状的玻璃片来测定玻璃的化学稳定性。实验所用玻璃的组成如表 5-1 所示。

表 5-1　硼硅酸盐体系玻璃的组分　　（单位：wt%）

样品号	SiO_2	Al_2O_3	B_2O_3	Na_2O	CaO	K_2O
A1	81.5	1.3	10.5	4.7	1	1
A2	80.5	2.3	10.5	4.7	1	1
A3	79.5	3.3	10.5	4.7	1	1
A4	78.5	4.3	10.5	4.7	1	1
A5	77.5	5.3	10.5	4.7	1	1

5.1.2 结果与讨论

（1）红外光谱分析。

硼硅酸盐体系玻璃主要吸收峰的位置及振动类型如表 5-2 所示。

表 5-2　硼硅酸盐体系玻璃红外吸收谱带及对应的振动类型

波数 /cm^{-1}	对应的特征振动归属
460	Si-O-Si 键弯曲振动峰（b 峰）
770	O-Si-O 键伸缩振动峰（s 峰）
1020~1060	Si-O-Si 键反对称伸缩振动峰（as-s 峰）
940~1080	$[BO_4]$ 反对称伸缩振动峰（as-s 峰）
1400	$[BO_3]$ 反对称伸缩振动峰（as-s 峰）
700	$[BO_3]$ 弯曲振动峰（b 峰）

图 5-1 为实验测得的硼硅酸盐体系玻璃的红外吸收光谱图。将所有的光谱纵向排列以便对比分析，强烈的吸收带出现在 400~1600 cm^{-1}。图中最明显的变化是 1400 cm^{-1} 和 700 cm^{-1} 处的吸收峰逐渐加强，说明［BO_3］随着 Al_2O_3 增加而增加，［BO_4］含量相应减少。另一方面，成分中 SiO_2 被 Al_2O_3 取代，［SiO_4］减少，［SiO_4］和［BO_4］的减少使得吸收峰弱化，1080cm^{-1} 处的吸收峰逐渐向低波数方向偏移。

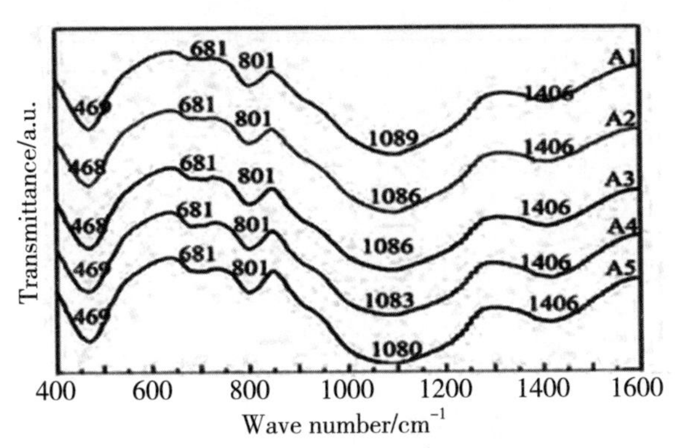

图 5-1　硼硅酸盐体系玻璃红外吸收光谱图

高硼硅玻璃“硼—铝反常”现象与玻璃中自由氧的充足程度有关 [$\& = (R_2O-Al_2O_3)/B_2O_3$]。当 $\& > 1$ 时，表明玻璃中有充足的游离氧，全部的 B^{3+} 以［BO_4］的形式存在，Al^{3+} 以［AlO_4］的形式存在，进入 SiO_2 网络结构中；当 $0 < \& < 1$ 时，游离氧相对较少，Al^{3+} 与 B^{3+} 相比

具有较大的核电荷数，会优先与游离氧结合，以［AlO_4］的形式进入 SiO_2 网络结构中，部分 B^{3+} 与氧结合形成［BO_4］，进入 SiO_2 网络结构中，而剩余部分的 B^{3+} 则以［BO_3］的形式成为网络外体；当 & < 0 时，游离氧严重不足，只能与部分 Al^{3+} 结合形成［AlO_4］，进入 SiO_2 网络结构中，剩余的部分 Al^{3+} 以及全部的 B^{3+} 无法与氧结合，以［AlO_6］和［BO_3］的形式成为网络外体。

在本实验中，随着 Al_2O_3 逐渐增加，5 个样品 A1 到 A5 相应的 & 从 0.42 变化到 0.04，逐渐减少。游离氧相对较少，& 的值处于 0 ~ 1 之间，不足以提供所有的 Al^{3+} 和 B^{3+} 转化为［AlO_4］和［BO_4］。随着 & 的变化，玻璃在 400 ~ 1600 cm^{-1} 的吸收峰没有明显变化，因为少量的 Al_2O_3 不会改变 SiO_2 的基本网络结构。Al_2O_3 取代 SiO_2 之后，首先［SiO_4］减少，然后 Al^{3+} 优先与自由氧结合而造成［BO_4］减少，［BO_3］相应增加。

（2）对热膨胀的影响。

通过热膨胀测试可测得热膨胀系数和玻璃转变温度 T_g 和软化温度 T_d。实验测得玻璃热膨胀系数与 Al_2O_3 含量变化的情况如表 5-3 所示。

表 5-3　硼硅酸盐体系玻璃的热膨胀系数

样品号	T_g/℃	T_f/℃	CTE/ × 10^{-6} K^{-1}
A1	585.2	676.4	3.95
A2	579.6	673.2	4.05
A3	577.7	669.0	4.10
A4	575.2	665.4	4.12
A5	570.6	664.3	4.15

普通硅酸盐体系玻璃中，游离氧会破坏玻璃结构，摧毁 Si-O-Si 键，形成非桥氧。当加入 Al_2O_3 时，铝离子与氧结合时形成的［AlO_4］与［SiO_4］连接可以加强玻璃的网络结构，同时玻璃中游离氧含量降低，同样使得玻璃网络结构加强，因此，热膨胀系数降低。而本实验的结果却完

全相反，高硼硅玻璃的热膨胀系数随着 Al_2O_3 的加入而逐渐增大，玻璃转变温度 T_g 和软化温度 T_d 逐渐降低。

从上面的讨论中，Al_2O_3 取代 SiO_2 使得［SiO_4］减少而［AlO_4］增多，［BO_4］减少而［BO_3］增多。一方面，［AlO_4］比［SiO_4］具有更大的体积而使热膨胀增大一点；另一方面，［BO_4］的减少以及［BO_3］的增加使得［BO_4］与［SiO_4］连接程度减弱，造成了玻璃结构的疏松，这是玻璃热膨胀增大的主要原因。玻璃的转变温度 T_g 和软化温度 T_d 主要取决于玻璃网络结构的连接程度和各个键能的大小。Al_2O_3 的加入造成了玻璃网络结构弱化，所以转变温度 T_g 和软化温度 T_d 降低。

（3）对黏度的影响。

测试出高温黏度之后，根据 VFT 公式 $\lg\eta=A+B/(T-T_0)$，代入玻璃 T_g 和玻璃膨胀软化点 T_f 进行拟合，拟合结果如图 5-2 所示。通过拟合，可得到如表 5-3 所示的参数，通过参数得到玻璃软化点数据。

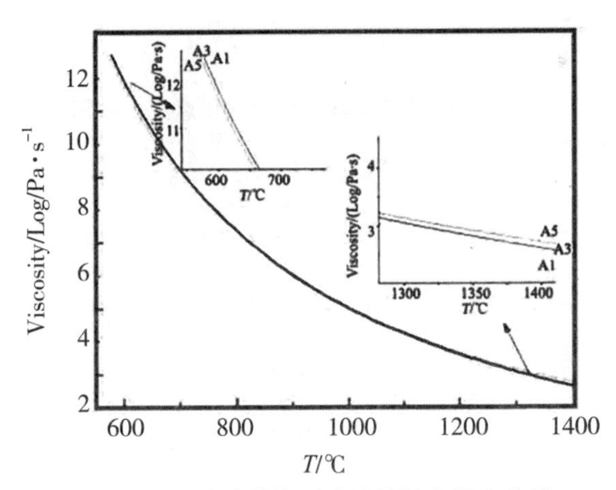

图 5-2 硼硅酸盐体系玻璃的黏度拟合曲线

从图 5-2 可以看出，样品的高温黏度随着 Al_2O_3 的增加而逐渐增大。而在低温部分则显示出完全相反的规律，随着 Al_2O_3 的增加，黏度逐渐减少。这是因为在 SiO_2 和 Al_2O_3 总含量不变的情况下，随着 Al_2O_3 的增加，Al^{3+} 进入 SiO_2 网络结构中，一方面减少了玻璃中的游离氧而使玻璃结构变得更加紧密，玻璃黏度增大；同时，其他条件不变，当阳离子与氧的键力逐渐增大，黏度也在增大，即加入配位数相同的阳离子 Al^{3+} 取代 Si^{4+} 后，由于 Al–O 键力强于 Si–O 键，使玻璃黏度增大。另一方面，玻璃中［BO_4］减少而［BO_3］增多使得玻璃的网络结构变得疏松，黏度有减小的趋势。在高温时，第一个因素占了主导地位，从而玻璃高温黏度随 Al_2O_3 的增加而逐渐增大；而在低温部分，第二个因素占了主导地位，因而玻璃低温黏度随 Al_2O_3 的增加而逐渐减少。

表 5–4 为玻璃软化点拟合数值，显示了随着 Al_2O_3 的加入玻璃的软化点变化趋势。玻璃的软化点受两个因素同时作用。一方面，随着 Al_2O_3 取代 SiO_2，玻璃中［SiO_4］和［BO_4］的减少使得玻璃的网络结构弱化，软化点降低；另一方面，随着 Al^{3+} 与玻璃中的氧结合进入 SiO_2 网络结构中，游离氧的减少使得玻璃的网络结构加强，软化点升高。当 Al_2O_3 的含量低于 3% 时，第一个因素起决定性作用，A1 和 A2 样品的软化点呈下降趋势；当 Al_2O_3 的含量高于 3% 时，第二个因素起决定性作用，A4 和 A5 样品的软化点呈上升趋势。

表 5–4 硼硅酸盐体系玻璃软化点拟合数值

样品号	A	B	T_0	T_f/℃
A1	–2.44306	5956.30368	192.75054	847.8
A2	–2.26787	5798.27056	191.18256	841.4
A3	–2.25202	5939.65228	180.60688	847.8
A4	–1.65604	4969.81076	234.01515	832.4
A5	–1.81916	5475.18508	195.56861	842.0

（4）对化学稳定性的影响。

用表面法测定玻璃的化学稳定性。将玻璃制备成规则形状的样品，耐水性、耐酸性、耐碱性所用的腐蚀溶液分别为去离子水、1 mol/L HCl、1 mol/L NaOH 和 1 mol/L Na_2CO_3 等体积混合的侵蚀液。放入样品后密封放入 40 ℃的恒温恒湿箱中侵蚀 30 d，通过单位表面积质量损

失 Δg 来表示玻璃样品的化学稳定性。

硼硅酸盐体系玻璃因其致密的网络结构使得化学稳定性远远强于其他玻璃，如图 5-3 所示。

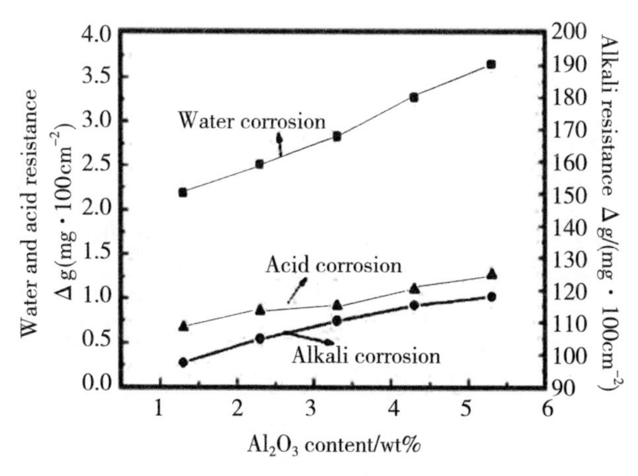

图 5-3 硼硅酸盐体系玻璃的化学稳定性

从图 5-3 可以看出，硼硅酸盐体系玻璃的耐酸性强于耐水性，而耐碱性能较差。同时随着 Al_2O_3 的加入，玻璃的化学腐蚀失重逐渐增大，说明 Al_2O_3 降低了玻璃的化学稳定性。

碱通过破坏玻璃中的硅氧骨架对玻璃产生侵蚀。在硼硅酸盐体系玻璃中，玻璃组成中玻璃形成体氧化物 SiO_2 和 B_2O_3 占了绝大多数，因此玻璃的耐碱失重较多。

酸对玻璃的腐蚀机理是：H^+ 与玻璃网络外结构中 Na^+、K^+、Ca^{2+} 等阳离子进行交换。由于硼硅酸盐体系玻璃组成中主要含 Na^+，水及酸对玻璃的侵蚀实质是介质中的 H^+ 和玻璃中的 Na^+ 交换，使得玻璃中的 Na^+ 逐步溶解。在酸性溶液中，反应产物 NaOH 受到酸的中和，加速离子交换过程，同时也降低了溶液的 pH 值，使得 $Si(OH)_4$ 的溶解度变小。两个因素同时作用，由于玻璃中的 SiO_2 含量较高，因此后一种因素起主要作用，因此玻璃耐酸性强于耐水性。

玻璃的化学稳定性主要取决于玻璃网络结构的紧密性。根据之前的分析，在硼硅酸盐体系玻璃中加入 Al_2O_3，使得玻璃的结构变得疏松，化学稳定性降低。

通过改变 $SiO_2-Al_2O_3-B_2O_3$ 系玻璃中 Al_2O_3 和 SiO_2 的相对含量，得到一系列组分不同的玻璃样品，并对其微观结构、热学性能及化学稳定性进行探究，所得结论如下。

a. 硼硅酸盐体系玻璃中自由氧含量不足，当加入 Al_2O_3 后，由于 Al^{3+} 具有更大的核电荷数可以优先与自由氧结合，使得玻璃结构中［BO_3］含量增加而［BO_4］相应减少，导致玻璃的网络结构变得疏松，玻璃的热膨胀系数变大，T_g 和软化温度 T_d 减小；

b. Al_2O_3 的加入使得玻璃的高温黏度增大而低温黏度降低。当加入的 Al_2O_3 含量大于 3% 时，随着 Al_2O_3 的不断加入，玻璃的软化温度 T_f 有升高的趋势；当加入的 Al_2O_3 含量小于 3% 时，随着 Al_2O_3 的不断加入，玻璃的软化温度 T_f 有降低的趋势。

c. 硼硅酸盐体系玻璃的化学稳定性受到玻璃的网络结构的影响，Al_2O_3 的加入降低了玻璃的化学稳定性。

5.2 碲酸盐体系低熔点封接玻璃

碲酸盐体系玻璃以 TeO_2 为主要形成体，是稀土掺杂光纤的理想基质材料，主要是因为碲酸盐体系玻璃具有增益带宽、受激发射截面大、耐腐蚀性、高稳定性和稀土离子可溶性的优点。近年来，碲酸盐体系玻璃作为宽带掺铒光纤放大器的基质材料受到了越来越多的关注与研究。与其他玻璃相比，碲酸盐体系玻璃还具有较好的稳定性、低声子能量、长使用寿命、耐潮性和极低的光学损耗等优点，因此研究碲酸盐体系玻璃的性能从而充分利用碲酸盐体系玻璃意义重大。本节通过实验对 TeO_2-BaO 碲酸盐体系玻璃的结构进行探究与分析，以期能够对碲酸盐体系玻璃的结构有更加全面的了解，更好地为改进碲酸盐体系玻璃的光学性能服务。

5.2.1 实验内容

（1）玻璃的制备。

以二氧化碲（TeO_2）和氧化钡（BaO）为基质原料（分析纯），将氧化物按照样品的要求均匀混合（mol%），放至铂金坩埚中加热至熔化，然后倒入模具中，在马弗炉中退火，将退火后的玻璃研磨抛光，制成 10mm × 10mm × 1mm 的块状样品。试验中所用的各种玻璃组成成分分别为 $80TeO_2$-20BaO、$85TeO_2$-15BaO 和 $90TeO_2$-10BaO。

（2）光谱的测定。

拉曼光谱采用英国 Renishaw 公司生产的 R-1000 型显微拉曼光谱仪测量，背散射设置，以 He-Ne 激光器为激发光源，激发波长为 632.8nm，激光功率 100%，样品表面的功率约为 5 mW，扫描范围 200~1000 cm^{-1}。

红外光谱采用美国 Nicolet 公司生产的 Avatar-360 傅里叶变换红外光谱仪测量，使用 KBr 粉末压片（约 10 mg 的样品与大约 1g KBr 的粉末混合），激发光源为金属陶瓷光源，扫描范围为 450 ~ 800 cm^{-1}。

5.2.2 结果与讨论

（1）TeO_2-BaO 玻璃的拉曼光谱图。

图 5-4 是（100-y）TeO_2-yBaO（y=10 mol%、15 mol%、20 mol%）二元玻璃的室温拉曼光谱图，从图中我们可以看到它的拉曼峰主要有 3 个，分别是 466cm^{-1}、663 cm^{-1} 和 743 cm^{-1}，与之相对应的散射峰都是 Te-O 键振动。743 cm^{-1} 对应于 [TeO_3] 三角锥体中 Te-O（NBO）键的对称伸缩振动；663cm^{-1} 对应 [TeO_4] 基团中碲与轴向氧 Te-O 键的非对称伸缩振动；466 cm^{-1} 拉曼峰带很宽，是由于非晶态材料中的振动谱中存在峰增宽效应，对应于 [TeO_4] 双三角锥中 Te-O-Te 键或 O-Te-O 键的振动。而 292cm^{-1} 附近的拉曼峰对应 [TeO_3] 中非桥氧键的弯曲振动。从图中可以看出，随着玻璃中 TeO_2 浓度的减小、BaO 浓度的增加，663 cm^{-1} 处的宽峰的强度逐渐减弱，并且向着更低波数移动，而 743 cm^{-1} 处的拉曼峰则向着更高波数移动，表明［TeO_4］双三角锥

体逐渐朝着［TeO_3］三角棱锥体发生转化。同时我们还可以看到，在 292 cm^{-1} 处拉曼宽峰强度逐渐增强，这是由于逐渐出现的［TeO_3］三角棱锥体中 Te 与一个非桥氧键弯曲振动引起的。这也可以反映出碲酸盐体系玻璃中结构发生的变化，随着 TeO_2、BaO 浓度的变化，［TeO_4］双三角锥体基团向带有非桥氧键的［TeO_3］三角锥体基团转化，BaO 浓度越大，该［TeO_3］三角锥体中 Te-O 键振动越强。

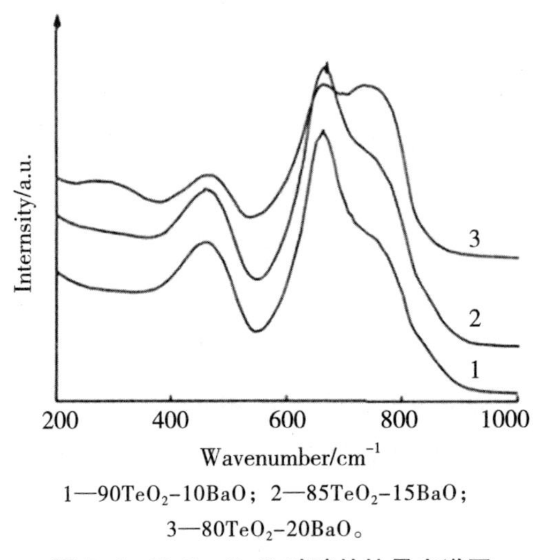

1—90TeO_2-10BaO；2—85TeO_2-15BaO；
3—80TeO_2-20BaO。

图 5-4　TeO_2-BaO 玻璃的拉曼光谱图

（2）TeO_2-BaO 玻璃的红外光谱图。

图 5-5 为 TeO_2-BaO 玻璃的红外光谱图，从图中我们可以看到，红外光谱在 668cm^{-1} 和 704cm^{-1} 附近出现 2 个吸收峰，它们分别对应于 [TeO_4] 基团中碲与轴向氧 Te-O 键的非对称伸缩振动以及 [TeO_3] 三角锥体中 Te-O 键的对称伸缩振动。随着玻璃中 TeO_2 浓度的减小、BaO 浓度的增加，704cm^{-1} 对应的吸收峰有增强的趋势，而 466cm^{-1} 峰在红外光谱中无对应带。

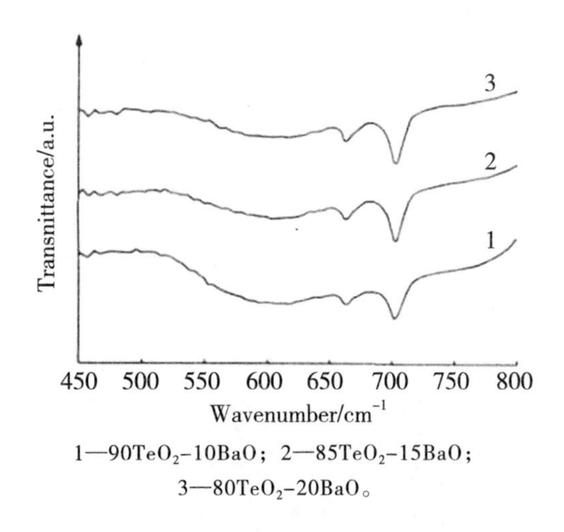

1—$90TeO_2$-10BaO；2—$85TeO_2$-15BaO；
3—$80TeO_2$-20BaO。

图 5-5 TeO_2-BaO 玻璃红外光谱图

（3）$80TeO_2$-20BaO 玻璃的变温拉曼光谱。

图 5-6 为 $80TeO_2$-20BaO（mol%）二元玻璃温度由 90 K 上升到 600 K 时的变温拉曼光谱图，从图中我们可以看到，拉曼光谱在 292 cm^{-1}、466cm^{-1}、663cm^{-1} 和 743cm^{-1} 附近出现 4 个拉曼宽峰，分别对应于碲酸盐体系玻璃中的具有非桥氧的［TeO_3］三角锥体的弯曲振动、［TeO_4］双三角锥中 Te-O-Te 键或者 O-Te-O 键的振动、带有桥氧键（BO）的［TeO_4］双三角锥振动和［TeO_3］三角锥体中带有非桥氧键（NBO）的 Te-O 键的对称伸缩振动。随着温度由 90 K 上升到 600 K，466 cm^{-1} 和 292 cm^{-1} 处的拉曼峰逐渐变宽，出现温度展宽效应，663cm^{-1} 处的拉曼峰有向低波数移动的趋势，743cm^{-1} 处的拉曼峰有向高波数移动的趋势。这一结果表明，在 $80TeO_2$-20BaO 玻璃中，随着温度的不断升高，［TeO_3］三角锥体结构单元数将增加，玻璃中的［TeO_3］三角锥体结构单元增加，且 Te-O 键中出现了 Te-O 键和 Te = O 键。

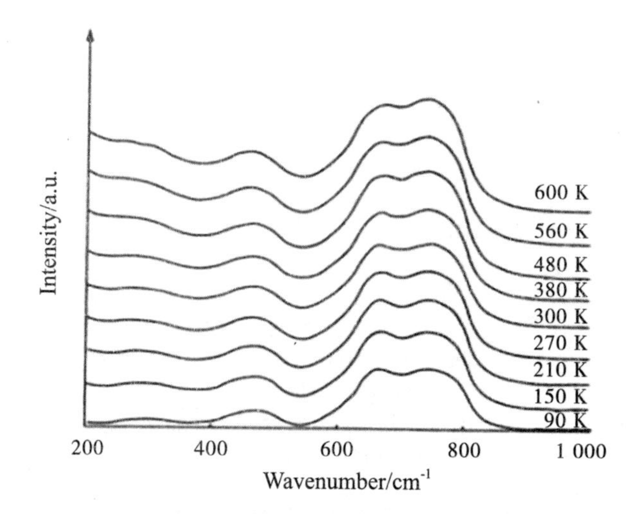

图 5-6　$80TeO_2$-20BaO 玻璃不同温度下的拉曼光谱图

通过改变 TeO_2-BaO 系玻璃中 TeO_2 和 BaO 的相对含量，得到 3 组不同的玻璃样品，测试了它们的拉曼和红外光谱，所得结论如下。

a. 在 TeO_2-BaO 二元碲酸盐体系玻璃中存在［TeO_3］三角锥体中带有非桥氧键（NBO）的 Te-O 键的对称伸缩振动；有桥氧键（BO）的［TeO_4］双三角锥振动和［TeO_4］双三角锥中 Te-O-Te 键或者 O-Te-O 键的振动。并且随着 TeO_2 浓度的减小、BaO 浓度的增加，292 cm^{-1} 所对应的非桥氧的［TeO_3］三角锥体的弯曲振动逐渐加强。

b. 通过对 $80TeO_2$-20BaO 碲酸盐体系玻璃拉曼光谱的温度效应的研究，我们可以发现，当温度由 90 K 上升到 600 K 时，玻璃中的［TeO_3］三角锥体结构单元增加，且 Te-O 键中出现了 Te-O 键和 Te = O 键，在玻璃中这种不连续的、低配位的结构单元更具优势，据此，我们可以更加全面地去了解玻璃的结构。

c. 由于玻璃成分的多元化有利于强化玻璃的结构的连接，能提高玻璃本身的化学稳定性和热稳定性，对碲酸盐的主要结构没有影响；并且，碲酸盐体系玻璃与其他材料相比，频率比较低，更加适合于用作稀土掺杂玻璃基质材料。

第 6 章　无铅低熔点封接玻璃的展望

无铅低熔点封接玻璃具有封接温度低，对环境友好、无污染等特点，在电子等行业拥有广泛的应用及发展前景。目前，各个国家对于无铅低熔点封接玻璃的研究还远远不够，因此各个行业中，无铅低熔点封接玻璃还不能完全替代含铅玻璃。但有着无铅化、无害化优点的低熔点封接玻璃是此类材料未来发展的大方向。

由于无铅低熔点封接玻璃巨大的发展潜力，其未来的发展方向和研究动向无疑将会得到人们越来越多的关注，其研究与开发具有非常重大的意义，也是电子产业的快速发展所提出的迫切要求。目前，国内有关钒酸盐、铋酸盐和磷酸盐等低熔点封接玻璃的研究与其他国家相比还略显滞后，对于新体系的无铅低熔点封接玻璃的研究应当更加深入全面。通过外加的方法，在传统熔融制备的钒酸盐、铋酸盐和磷酸盐等玻璃粉的基础上，加入一些纳米尺寸结晶型封接玻璃粉，即可制备出复合型低熔点封接玻璃。通过对纳米尺寸结晶型封接玻璃粉加入量的调整，使原封接材料的封接使用温度、热膨胀系数、电学性能等发生改变。找到最适宜的烧结条件，从而制备出特殊的烧结物结构，进一步提高玻璃的化学稳定性、烧结体强度等实用性能。当然除此之外，低熔点封接玻璃的制备方法还有许多其他途径值得我们去进一步研究与尝试，例如化学低温合成、有机—无机杂化等。

在前述无铅低熔点封接玻璃的研究基础和成果上，针对国内外在无铅低熔点封接玻璃研究上存在的问题，还应该加强以下几个方面的研究。

（1）加强铋酸盐、钒酸盐和磷酸盐玻璃的基础理论研究。国内外在无铅低熔点封接玻璃的探索方面，重点放在铋酸盐体系、磷酸盐体系，或将具有 18 或 18+2 外层电子结构的元素，如 Sn、Zn 等加入硼酸盐玻璃体系中，使玻璃熔点降低，即降低玻璃制品烧结温度。目前可能取代含铅低温玻璃，具有实用价值的玻璃体系包括铋酸盐、矾酸盐、磷酸盐体系封接玻璃。铋酸盐、矾酸盐、磷酸盐等体系的玻璃都有其优点与不足，需要不断研究适合当前行业环境的最适宜的无铅低熔点封接玻璃。因此加大力度展开对这三类玻璃体系的基础理论研究是今后必须做的工作，并应该以以往的研究成果为基础，探寻新的玻璃组成，以期能够找到满足封接工艺需要的系统。

（2）寻找新的玻璃形成体系。寻找新的玻璃形成体系，或在新的玻璃形成理论指导的基础上进一步开发新的更加实用的玻璃体系，以满足各行各业对无铅低熔点封接玻璃的要求。

（3）建立新的玻璃形成理论和结构学说。现有的实验条件使玻璃形成条件较之前有了很大改善，如熔制条件、冷却速度等，在现有无铅低熔点封接玻璃理论基础上，可以扩大玻璃的形成范围，从而建立新的玻璃形成理论和结构学说，像逆性玻璃等相关学说有望实现突破。

（4）利用粉体制备技术对无铅低熔点封接玻璃进行改性。无铅低熔点封接玻璃为粉体状形态，经过高温烧结形成烧结物从而制备出各类器件，因此在无铅低熔点封接玻璃的烧结方面可以采用适合的制备技术。同时，化学气相沉积等方法也常用来制备封接玻璃。此外，利用非晶包覆技术，将无铅低熔点封接玻璃包覆在一些具有负膨胀等特性的粉体表面，即可从热膨胀性、化学稳定性等性能上对无铅低熔点封接玻璃进行改性。

综合考虑，预期无铅低熔点封接玻璃的研究可以从以下方面取得突破。

（1）添加金属或者陶瓷颗粒、晶须或粉体制备复合型玻璃。对于复合型玻璃，可以通过控制添加量来调整材料的热膨胀系数等性能，实现与不同基体的匹配联结。

（2）针对国内关于无铅低熔点封接玻璃研究滞后的现状，加强对低熔点封接玻璃的基础理论研究。

（3）研究开发新的无铅低熔点封接玻璃制备工艺。通过对玻璃粉进行纳米化处理、改进玻璃制备工艺等增加封接玻璃的强度，改善其电性能、化学和热稳定性等性能。

（4）研究开发具有一定导热性能的封接玻璃。在电子集成电路和 LED 等封装领域，导热性能好的封接玻璃能够传导芯片工作时产生的热量，降低芯片的工作温度，提高其使用寿命。

（5）掺入不同粒度（纳米级、微米级）的锡、钛等活性金属元素，制备新型低熔点封接玻璃，以改善其在金属、复合材料表面的润湿铺展性以及调节其热膨胀系数和封接温度。

（6）开发复合型低熔点封接玻璃。磷酸盐、铋酸盐和钒酸盐等不同系统的玻璃掺杂，通过调整不同成分配比，获得需要的最佳性能要求。

参考文献

[1] 何鹏，郭伟，林铁松，等．绿色无铅低熔点封接玻璃研究进展 [J]. 材料工程，2016，44（6）：123-130.

[2] 刘远平．低熔点铋酸盐封接玻璃的研究 [D]. 杭州：中国计量学院，2013.

[3] 万隆，李争，刘小磐，等．V_2O_5 含量对 $ZnO-B_2O_3-Bi_2O_3$ 系无铅封接玻璃的性能影响 [J]. 湘潭大学（自然科学版），2015（4）：59-63.

[4] Aitken B G. Low melting，durable phosphate glasses[P]. US，US5256604 [P]. 1993.

[5] 邓大伟．$Bi_2O_3-B_2O_3-ZnO$ 系低熔点无铅封接玻璃结构与熔体性质研究 [D]. 武汉：武汉理工大学，2011.

[6] Nachmansohn B. Devitrifying solder glass without lead or other toxic materials [P]. FR2794120，2000.

[7] 常明．$Bi_2O_3-B_2O_3-ZnO$ 低温无铅封接玻璃的结构及性能研究 [D]. 北京：中国建筑材料科学研究总院，2014.

[8] 夏志平，雷永平，史耀武．绿色高性能无铅材料的研究与发展 [J]. 电子工业技术，2002，23（5）：185.

[9] 马占峰，李启甲，赵彦钊，等．$SnO-ZnO-P_2O_5$ 玻璃部分热性质的研究 [J]. 玻璃与搪瓷，2005，33（5）：5-9.

[10] Saswati Ghosh，Kundu P，Das Sharma A，et al. Microstructure and property evaluation of barium aluminosilicatc glass-ceramic sealant for anode-supported solid oxide fuel cell[J]. Journal of European Ceramin Society，2008，28（1）：69-76.

[11] Kumar M. P，Sankarappa T，Awasthi A.M. Thermal and Electrical Properties of Some Single and Mixed Transition-Metal Ions-Doped Tellurite

Glasses [J]. Physica B：Condensed Matter，2008，B403：4088-4095.

[12] Lautenschlaeger G，Langsdorf A，Lange U，et al. Method of making a float glass convertible into a glass ceramic and float glass made thereby[P]. US：8728961，2014.

[13] Andreola F，Barbieri L，Lancellotti I，et al. Thermal approach to evaluate the sintering-crystallization ability in a nepheline-forsterite-based glass-ceramics[J]. Journal of Thermal Analysis and Calorimetry，2016，123（1）：241-248.

[14] Pogrebenkov V M，Kostikov K S，Sudarev E A，et al. Low-Melting Glass-Ceramic Composites with Low Linear Thermal Expansion Coefficient for Radio-Electronics[J]. Applied Mechanics and Materials，2015，756（2）：313-318.

[15] 刘洪学，张计华，曾人杰 . PbO 系玻璃的改进及 Bi_2O_3 系封接玻璃的研制 [J]. 厦门大学学报（自然科学版），2006（45）：812-814.

[16] 汤清琼，田英良，孙诗兵，等 . 低熔点玻璃粉在高温涂料中的应用研究 [J]. 现代涂料与涂装，2010，13（3）：7-9.

[17] Marasinghe G K，Karabulut M，Ray C S，et al. Structural features of iron phosphate glasses[J]. Journal of Non-Crystalline Solids，1997，222：144-152.

[18] Masahiro Y，Yasuo H，Toshimitsu U，et al. Lead-free Glass Material for Use in the Sealing and Sealed Article and Method for Sealing Using the Same [P]. US Pat：US7585798B2，2009-09-08.

[19] 李淑晶 . 锂铝硅微晶玻璃高温黏度及性能的研究 [D]. 武汉：武汉理工大学，2011.

[20] 杨姗姗 . 玻璃与金属封接产品的开发 [D]. 天津：天津大学，2013.

[21] Maeder T. Review of Bi_2O_3 based glasses for electronics and related applications[J]. International Materials Reviews，2013，58（1）：3-40.

[22] Saritha D，Markandeya Y，Salagram M，et al. Effect of Bi_2O_3 on physical，optical and structural studies of $ZnO-Bi_2O_3-B_2O_3$ glasses[J]. Journal of Non-Crystalline Solids，2008，354（52-54）：5573-5579.

[23] Kaur R，Singh S，Pandey O P. Absorption spectroscopic studies on gamma irradiated bismuth borosilicate glasses[J]. Journal of Molecular

Structure，2013，1049（1）：386-391.

[24] Song S，Wen Z，Zhang Q，et al. A novel Bi-doped borosilicate glass as sealant for sodium sulfur battery. Part 1：Thermophysical characteristics and structure[J]. Journal of Power Sources，2010，195（1）：384-388.

[25] 滨田润 . 无铅低熔点玻璃组合物 [P]. 中国：CN 201180031420.0，2013-03-06.

[26] 李宏，许旭佳，卓永 . 一种低熔点玻璃粉及其制备方法 [P]. 中国：CN 201510685856.1，2015-12-30.

[27] 顾黎明，徐峰 . 一种利用玻璃粉料对真空玻璃进行封装的方法 [P]. 中国：CN 201510996800.8，2016-06-01.

[28] 内藤孝，立园信一，吉村圭，等 . 无铅低熔点玻璃组合物以及使用组合物的玻璃材料和元件 [P]. 中国：CN 201510532988.0，2016-03-09.

[29] 李秀英，卢安贤，杨华明，等 . 一种综合性能优良的无铅低熔点玻璃及其应用方法 [P]. 中国：CN 201410798804.0，2015-03-25.

[30] 王承遇，陶英 . 玻璃成分设计与调整 [M]. 北京：化学工业出版社，2006.

[31] Yeong-Shyung C，Stevenson J W，Meinhardt K D. Electrical stability of a novel refractory sealing glass in a dual environment for solid oxide fuel cell applications[J]. Journal of the American Ceramic Society，2010，93（3）：618-623.

[32] Peng L，zhu Q S. Thermal cycle stability of $BaO-B_2O_3-SiO_2$ sealing glass[J]. Journal of Power Sources，2009，194（2）：880-885.

[33] 姜宏 . 无铅钒酸盐低温封接玻璃低熔机理研究 [M]. 北京：中国建筑工业出版社，2014.

[34] 李长久，周毅，姜宏，等 . 锑掺杂钒磷封接玻璃的析晶稳定性研究 [J]. 湖南大学学报（自然科学版），2016，43（6）：64-69.

[35] 张伟 . 磷酸盐封接玻璃的制备与性能研究 [D]. 济南：济南大学，2016.

[36] 李明月，田知允，邵晶，等 . 钒酸盐玻璃陶瓷封接材料的制备及应用 [J]. 硅酸盐通报，2018.

[37] 肖卓浩，包启福，罗文艳，等 . 高热膨 $Na_2O-MgO-Al_2O_3-Si_2O$ 微

晶玻璃的制备及性能研究 [J]. 人工晶体学报，2015，44（11）：3350-3354.

[38] 李宏彦 . V_2O_5-P_2O_5-Sb_2O_3-Bi_2O_3 体系低熔点玻璃的结构及性质研究 [D]. 北京：北京有色金属研究总院，2012.

[39] 成茵，肖汉宁，郭伟明 . GeO_2 对 PbO-B_2O_3-ZnO 低熔封接玻璃结构与性能的影响 [J]. 无机材料学报，2006，21（3）533-538.

[40] 王连军 . 玻璃陶瓷保护涂层的制备及在钛合金热加工过程中的应用研究 [D]. 辽宁：大连理工大学，2002.

[41] Wang F，Dai J，Shi L，et al. Investigation of the melting characteristic，forming regularity and thermal behavior in lead-ree V_2O_5-B_2O_3-TeO_2 low temperature sealing glass[J]. Materials Letters，2012，67（1）：196-198.

[42] Haruki Nida. Masahide Takahashi. Preparation and Structure of Organic-inorganic Hybrid precurors for New Type Low-melting Glasses[J]. Journal of Non-cryst Solids，2002，306：292-299.

[43] 马英仁 . 封接玻璃（一）：对玻璃的要求及适于封接的金属 [J]. 玻璃与搪瓷，1992，20（4）：58-65.

[44] 马英仁 . 封接玻璃（二）：玻璃封接的分类、条件及金属的氧化 [J]. 玻璃与搪瓷，1992，20（5）：59-68.

[45] 马英仁 . 封接玻璃（三）：影响玻璃封接的因素 [J]. 玻璃与搪瓷，1992，20（4）：52-57.

[46] 马英仁 . 封接玻璃（五）：应力的测定及热处理的影响 [J]. 玻璃与搪瓷，1993，21（2）：57-61.

[47] 马英仁 . 封接玻璃（八）：三种低熔粉末玻璃焊料 [J]. 玻璃与搪瓷，1993，21（5）：46-50.

[48] 白进伟 . 低熔封接玻璃组成及其发展 [J]. 材料导报，2002，16（12）：36-43.

[49] 卡尔·约翰·赫德塞克 . 封接玻璃 [P]. 中国：CN86102567，1989-10-28.

[50] 马斯亚德，阿库塔 . 封接玻璃组分以及含有该组分的导电性配方 [P]. 中国：CN91105034.5，1992-04-15.

[51] 赵彦钊，马占峰，李启甲，等 . Bi_2O_3-B_2O_3-SiO_2 玻璃的热性质 [J].

陶瓷，2005（4）：17-22.

[52] 付明，刘焕明．用无铅玻璃料研制环保型导电浆料 [J]. 华中科技大学学报（自然科学版），2007，35（7）：51-57.

[53] 罗世永，郝燕萍，陈强，等．无铅石墨导电浆料的制备和性能 [J]. 电子元件与材料，2007，26（1）：67-70.

[54] 白人骥．铋玻璃的制备与核磁共振研究 [J]. 天津师大学报（自然科学版），1989，2（13）：29-33.

[55] 马占锋，李启甲，赵彦钊 .SnO-ZnO-P_2O_5 玻璃部分热性质的研究 [J]. 玻璃与搪瓷，2005，33（5）：5-9.

[56] 牟新强，李启甲，刘新年．磷酸盐玻璃抗菌剂的制备 [J]. 西北轻工业学院学报，2020，2（18）：79-82.

[57] 薛根生，王国梅．在 Li_2O-P_2O_5 二元系统玻璃中引入 BaO 对玻璃结构的影响 [J]. 武汉工业大学学报，1989，2：145-152.

[58] 曹卫东，姜中宏．R_2O- BaO-P_2O_5 磷酸盐玻璃形成特点和基本性质的研究 [J]. 玻璃与搪瓷，1992，20（6）：1-6.

[59] 王德强，佘佳嫣，杨璐．低熔点 P_2O_5-ZnO-MgO-Na_2O 玻璃性能研究 [J]. 玻璃与搪瓷，2007，35（1）：36-39.

[60] Hirose J. Glass composition and glass forming material comprising said composition[P]. US：20030125185，2003-08-27.

[61] Shih P Y，Yung S W，Chin T S. Thermal and corrosion behavior of P_2O_5-Na_2O-CuO glasses[J]. Journal of Non-Crystalline Solids，1998，224（2）：143.

[62] 曲远方，侯峰，徐廷献．低温烧结绝缘材料的研究 [J]. 硅酸盐通报，1997，6：23-26.

[63] 赵宏生，李艳青，周万城，等．MoO_3-V_2O_5-P_2O_5-Fe_2O_3 玻璃的制备及性能研究 [J].2005，20（3）：563-569.

[64] 赵偶，陶猛，王思惠，等．ZnO-B_2O_3-P_2O_5 系封接玻璃的研究 [J]. 2007，5：19-22.

[65] 李胜春，陈培．ZnO-B_2O_3-P_2O_5 低熔点玻璃的性能和结构电子元件与材料 [J].2007，26（6）：34-36.

[66] 陈培，李胜春．玻璃料浆料用低熔点无铅玻璃粉及其制备方法与

用途 [P]. 中国：CN200810200747.6，2009-3-4.

[67] 沈健，李启甲，殷海荣，等 . SnO-ZnO-P_2O_5 三元系统封接玻璃的研究 [J].2003，6（21）：30-33.

[68] 李春丽，田英良，孙诗兵 . B_2O_3 对 SnO - ZnO-P_2O_5 无铅玻璃性能的影响 [J].2007，35（1）：11-14.

[69] Garbarczyk J E，Jozwiak P，Wasiucionek M，et al. Nanocrystallization as a Method of Improvement of electrical properties and thermal stability of V_2O_5-rich glasses[J]. Journal of Power Sources，2006，173（2）：743-747.

[70] Dyamant I，Itzhak D，Hormadaly J. Thermal properties and glass formation in the SiO_2-B_2O_3-Bi_2O_3-ZnO quaternary system[J]. Journal of Non-Crystalline Solids，2005，351（43-47）：3503-3507.

[71] Takashi Wakasugi，Rikuo Ota，Jiro Fukunaga. Glass-forming ability and crystallization tendency evaluated by the DTA method in the Na_2O-B_2O_3-Al_2O_3 system[J].J.Am.Ceram.Soc.,1992,75（11）：3129-3132 .

[72] Hirose Jun. Glass composition and glass forming material comprising said composition[P]. US：20030125185，2003-02-27.

[73] Morena R. Phosphate glasses as alternatives to Pb-based sealing frits[J]. Journal of Non-Crystalline Solids，2000，263：382 -387.

[74] Francis G L，Morena R. Non-lead sealing glasses[P].US：5281560，1994-1-25.

[75] Marino A E，Arrasmith S R，Gregg L L，et al. Durable phosphate glasses with lower transition temperature[J]. Journal of Non-Crystalline Solids，2001，289（1/2/3）：37-41.

[76] Aitken B G，Bookbinder D C，Greene M E，et al. Non-lead sealing glasses[P]. US：5246890，1994.

[77] Yamanaka T. Lead-free tin silicate -phosphate glass and sealing material containing the same[P]. US：6617269，2003-9-9.

[78] Kenji Morinaga，Shigeru Fujino. Rreparation and Properties of SnO-$SnCl_2$-P_2O_5 glass[J]. Journal of Non-crystalline Solids，2001，282：118-124.